中国密码学发展报告 2020

中国密码学会　编

中国质量标准出版传媒有限公司

中国　标　准　出　版　社

北　京

图书在版编目(CIP)数据

中国密码学发展报告 2020 / 中国密码学会编.
—北京：中国标准出版社，2021.5

ISBN 978－7－5066－9795－8

Ⅰ.①中⋯ Ⅱ.①中⋯ Ⅲ.①密码学—研究报告—
中国—2020Ⅳ.①TN918.1

中国版本图书馆 CIP 数据核字（2021）第 040416 号

中国质量标准出版传媒有限公司
中 国 标 准 出 版 社 　出版发行
北京市朝阳区和平里西街甲 2 号（100029）
北京市西城区三里河北街 16 号（100045）
网址：www.spc.net.cn
总编室：（010）68533533　发行中心：（010）51780238
读者服务部：（010）68523946
中国标准出版社秦皇岛印刷厂印刷
各地新华书店经销

＊

开本 787×1092　1/16　印张 12.75　字数 204　千字
2021 年 5 月第一版　　2021 年 5 月第一次印刷

＊

定价 78.00 元

前　言

　　《中国密码学发展报告》是中国密码学会组织编写的重要学术文献，从 2008 年起每年均编辑出版，集中反映上一年国内外密码学最新研究进展，是密码学研究者和密码科技工作者重要的学术参考资料，对推动我国密码理论和技术创新具有重要意义。

　　《中国密码学发展报告 2020》分为两部分。第一部分介绍了 2019 年三大国际密码年会的成果；第二部分介绍了 2019 年中国密码学会优秀博士学位论文的主要成果。

　　三大国际密码年会（Crypto，Eurocrypt，Asiacrypt）反映了世界先进密码技术和研究的发展方向。整理归纳三大国际密码年会的论文，有助于我国密码工作者掌握最前沿的密码技术，开展具有中国特色的密码学术研究和技术创新。为了便于读者学习研究，本书对 2019 年度三大国际密码年会发表的论文进行了分类编写，分为对称密码、公钥密码、（后）量子密码、安全协议和应用密码等五个大类，每一大类又细分为多个具体的研究方向。每个研究方向均邀请长期从事该方向研究的专家进行点评、归纳和总结。本书编写采取这种组织形式，希望有助于读者准确掌握每篇论文的知识点和各研究方向的发展前沿。

　　2019 年中国密码学会评选了 5 篇优秀博士学位论文，论文的作者分别是孙玲、矫琳、韩帅、孙士锋、黄森洋，他们均在自己的博士研究领域做出了成绩。本书介绍了这 5 篇优秀博士学位论文的主要学术思想和观点。

　　黄欣沂教授和陈克非教授分别负责本书第一部分和第二部分的组稿。感谢两位老师的精心组织，感谢执笔的各位老师们；感谢中国密码学会王瑶副秘书长在协调本书的组稿、编辑和出版过程中付出的诸多心力。本书获得国家"十三五"密码发展基金的资助，在此一并感谢！

中国密码学会副理事长

中国密码学会学术工作委员会主任委员

戚文峰

2020 年 9 月 3 日

目　录

第一部分　2019 年国际三大密码年会主要成果介绍

第二部分　2019 年优秀博士学位论文成果介绍

第一部分
2019 年国际三大密码年会主要成果介绍

对称密码

1 对称密码概述

在密码学领域，利用深度学习作为主要工具的研究大多集中于侧信道攻击（灰盒攻击），如何利用深度学习的方法辅助传统的密码分析（黑盒分析）是近几年学术界关注的热点。文献［1］首次在这个方向上进行了一次富有启发性的尝试。该工作首先在马尔可夫假设下计算了轻量级分组密码算 SPECK32/64（由美国国家安全局设计）在特定输入差下的差分分布。利用这个差分分布，Gohr 给出了一个基于深度神经网络的区分器。结合一个精心构造的基于贝叶斯优化的密钥搜索策略，Gohr 成功地将 11 轮 SPECK32/64 的安全强度缩减到 38 比特，相对于已有的公开文献，这是一个显著的改进。该项工作还指出，深度神经网络可以利用传统差分区分器无法识别的密文特征进行分析。该项工作的启发性尝试，为深度学习在黑盒密码分析中的应用给出了一个先例。可以预见，未来会有一系列工作尝试利用深度学习对目前的结果进行改进和拓展。

如何计算布尔函数的相关度是对称密码线性分析中的一个核心问题。对于一般情形，没有多项式时间的相关度计算方法。文献［2］考虑了二次布尔函数这一特殊情况，并给出了利用二次布尔函数的"分离形式（disjoint form）"计算其相关度的多项式时间算法。

史丹萍等结合基于混合整数规划（MILP）的自动化密码分析方法，将这一技术应用于 MORUS 认证加密算法的分析。他们构建了一个搜索一般密钥流生成器线性逼近的模型，利用 MILP 方法搜索 MORUS 算法的线性逼近，然后将这个线性逼近对应的二次布尔函数转化成分离形式并得到它的相关度。史丹萍等成功发现了 MORUS 所有版本的高相关度线性逼近，导致 MORUS 的所有版本被破解。值得一提的是，MORUS 是国际认证加密算法设计大赛凯撒竞赛的七个终选算法之一。这一结果的发表，导致 MORUS 算法被移出最终获胜算法的列表。另外，这些方法具有一般性，可以应用于其他线性逼近对应于二次布尔函数的对称密码的分析。同时，文献 [2] 也提出了一个公开问题：即如何高效的计算高次布尔函数的相关度。虽然解决这个问题的一般情形的希望是渺茫的，但我们可以考虑一个简化的问题：如何快速计算 3 次布尔函数的相关度。

Hans Dobbertin 在 1996 年攻破了哈希函数 MD4 算法之后，利用类似的技术，人们找到了 MD5 算法的半自由初始值碰撞。之后，一个类 MD5 的哈希函数 RIPEMD-160 被设计出来。在结构上，RIPEMD-160 可以视为两个并行的类 MD5 算法，这使得 RIPEMD-160 的安全性大大提高。

在王小云院士于 2005 年利用差分攻击真正地攻破 MD5 哈希函数之后，哈希函数领域迎来了研究的热潮，也促使了一些自动化搜索差分路线工具的出现。然而，RIPEMD-160 特殊的双支结构以及充分的混淆效果使得研究其抗碰撞性变得非常困难（包括缩减轮数的安全性分析）。在 2013 年欧密会上，Landelle 和 Peyrin 共同给出了对全轮 RIPEMD-128 的半自由初始值碰撞攻击。虽然该攻击在复杂度上只是稍微优于生日攻击，但是其中的分析方法却为 RIPEMD-160 的研究带来了新的思路。

得益于自动化搜索工具的发展，寻找碰撞攻击的差分路线已经变得比较高效。但是如何评价一条差分路线的可用性和优劣性仍然是一项富有挑战性的工作。因此，文献 [3] 仔细分析了 RIPEMD-160 的消息字拓展方案，并发现当选定一个特定的消息字差分时，可以使用一个专用高效的攻击框架。该框架能够在理论上保证一些攻击条件得到满足，使得差分路线的可用性及优劣性可以得到评判。基于此准则，在使用自动化搜索工具时，可以从搜索的结果中高效地挑选一条最优的攻击路线。利用这种新的分析方法，文献 [3] 首次给出了对 RIPEMD-160 前 30/31 步的实际碰撞以及前 33/34 步的理论碰撞。

Even-Mansour 结构给出了一种利用随机置换构造分组密码的优雅方案，包括 AES 在内的一些著名分组码密码算法都可以看成迭代型 Even-Mansour 结构的实例。使用一个密钥的 2 轮 Even-Mansour 结构抗一般攻击的安全下界，是一个重要的基础性问题。

文献 [4] 首次给出了一个针对 2 轮 Even-Mansour 结构的时间复杂度达到目前已知最优情况，并且数据和存储复杂度都明显低于 2^n 的攻击算法。更重要的是，在这一过程中，Leurent 等建立了 3-XOR 问题（对于 f_1, f_2, f_3，求解 x_1, x_2, x_3，使得 $f_1(x_1) + f_2(x_2) + f_3(x_3) = 0$）和攻击 Even-Mansour 结构之间的内在联系。这意味着，如果未来我们可以改进 3-XOR 问题的求解算法，那将直接导致对 Even-Mansour 结构更好的攻击。

选择前缀碰撞攻击是比一般碰撞攻击更强的一类攻击，其产生的碰撞消息对需要满足事先选择的任意前缀，其难度远高于一般的碰撞攻击。在一般的碰撞攻击中，由于攻击者对碰撞消息性质的控制极为有限，因此很难产生具有现实意义的碰撞消息。而在选择前缀碰撞攻击中，攻击者完全掌握了消息前缀的控制权，这蕴含了极大的现实威胁。王小云院士构造的针对 MD5 的选择前缀攻击可用于实际伪造 CA 证书或在底层破坏一些网络安全协议（如 TLS，SSH 和 IKE 等）。文献［5］给出了将一般碰撞攻击转化为选择前缀攻碰撞攻击的新技术，成功地给出了一个针对 SHA-1 的选择前缀碰撞攻击。该项工作再一次为工业界敲响了尽快抛弃 SHA-1 的警钟。

2012 年，Keccak 算法赢得了 SHA-3 竞赛的最终胜利，成为新一代的哈希标准算法 SHA-3。文献［6］主要分析了 Keccak 抗原像攻击的安全性，首次尝试获取 Keccak 的具有多块消息的原像。相比之前的单块攻击方法，通过减少对中间状态（第一消息块的输出和第二消息块的输入）的约束，使得最终获得的约束系统更容易求解，降低了单块消息攻击的复杂度，给出了 Keccak-224 算法的首个实际原像攻击和 3/4 轮 Keccak-224/256 目前最好的理论攻击结果。文章所提出的多块攻击方案为 SHA-3 算法的分析提供了全新的研究思路。

攻破 r 轮 Even-Mansour 结构，攻击者需要大约 $2^{rn/(r+1)}$ 次 Oracle 询问。由于可能存在新的结构，其安全界会有所提升，同时研究人员希望降低 Even-Mansour 结构中需要使用 r 个随机置换的要求，所以这个界并不令人满意。研究人员一直在探索可以提高安全界并最大限度降低理想模型中各种假设的全新的分组密码结构。

在这些研究中，Tessaro 提出的 Whitened Swap-Or-Not（WSN）构造只需要两个公开的随机布尔函数（而不是随机置换），就能达到完全的安全强度。然而到目前为止，没有见证过一个安全的基于 WSN 的算法实例。文献［7］填补了这项空白，给出了一个实际安全的（可以抵抗各种已知攻击）WSN 算法实例 BISON。这非常有益于分组密码算法结构的多样化，并为分析者提供了新的攻击和分析目标。

当一个分组密码算法存在两个覆盖较少轮数的"匹配"的差分和线性特征时，攻击者可以构造所谓的差分—线性区分器用于攻击。在以往的差分—线性分析中，有一个关键假设：差分特征覆盖的部分和线性特征覆盖的部分是统计独立的。然而实验表明，这一假设往往并不成立。文献［8］深入分析了差分覆盖部分和线性特征覆盖部分相关性对整个差分—线性分析优势的影响，并提出了差分线性链接表（DLCT）的概念，用于辅助这种相关性的分析。文献［8］指出，这种相关性的存在，有可能显著提高差分—线性区分器的优势，从而被攻击者利用。

LowMC 是由 Albrecht 等在 2015 年设计的一个面向安全多方计算、全同态加密及零知识证明的分组密码算法族，它在提交至 NIST 后量子算法竞赛的 Picnic 签名体制中得到了应用。LowMC 每轮的非线性层只作用于状态的部分比特，这些缺失的非线性操作可能导致的安全性问题由较为繁重的线性代数操作部分补偿。然而，在安全多方计算等实际应用中，这些繁重的线性代数操作会大大增加开销。因此，如何在不破坏其安全性质的前提下，减少线性代数操作带来的开销是一个重要的公开问题。

文献［9］重新设计了 LowMC 的线性部件，使得这种重新设计在不改进原算法功能的同时可显著改进其实现效能。Dinur 等证明了许多 LowMC 的实例，属于一个更大范畴的等价实例类，这个类中每个实例的线性层都是不同的。在这个实例类中，我们可以找到一个代表元，其计算复杂度和存储复杂度都大大低于原算法。

S 盒是对称密码算法的关键性部件，随机筛选得到的 S 盒可以使用户相信设计者没有嵌入陷门。通常，密码算法的 S 盒以表格的形式给出，但有些设计者并不会给出 S 盒的具体生成方式。文献［10］旨在研究随机 S 盒的性质，从而判断该 S 盒是否是随机筛选得到的，并进一步还原其结构。Bonnetain 等将该方法用于分析 Streebog 和 Kuznyechik 的 S 盒，发现这些 S 盒并不像设计者所声称的那样是随机生产的。由于设计者的声明和文献［10］分析结果的偏差，使得相关算法的标准化工作产生了一些疑虑。

积分分析由 Daemen L. 等首次提出用于攻击 SQUARE 分组密码算法，后来由 Knudsen L. 和 Wagner D. 进行理论上的统一，称之为积分分析。在 2015 年欧密会上，Todo 提出更一般化的积分性质—可分性（division property），它可以更精确地刻画密码算法的积分特征。2016 年，Todo 等又提出了两种基于比特的可分性：二子集比特可分性和三子集比特可分性。

由于三子集可分性的传播无法由 MILP 模型直接进行刻画，如何精确刻画三子集可分性的传播是一个公开问题。王森鹏等在文献［11］中通过研究三子集可分性的传播规则，给出了其剪枝性质和快速传播法则，从而构建了 MILP 辅助的三子集可分性自动化搜索算法，并将其应用到 SIMON，PRESENT，RECTANGLE，LBlock 等分组密码算法上，改进了目前积分区分器结果。并首次将三子集可分性与立方攻击相结合，给出了由三子集可分性精确恢复超级多项式的方法，使得美密 2017 恢复 832 轮 Trivium 超级多项式的计算复杂度降为实际可恢复，美密 2018 恢复 839 轮 Trivium 超级多项式的计算复杂度降为实际可恢复。同时给出了 841 轮 Trivium 的理论攻击结果，是目前最好的密钥恢复攻击结果。

三子集可分性是目前寻找积分区分器最好的方法之一，同时与立方攻击也有紧密的联系，可以作为一种通用的工具对密码算法抵抗积分分析和立方攻击的安全性进行自动化的分析，也可用于密码算法代数阶的精确估计，具有简洁、高效、易实现的特点。由于目前没有公开文献讨论积分分析的可证明安全问题，能否利用三子集可分性给出相关结果也是值得关注的方向。

GSM（全球移动通信系统）标准是 ETSI（欧洲电信标准协会）为 2G 网络开发的标准，它采用 A5/1 和 A5/2 流密码算法加密其无线通信。其中，A5/1 比 A5/2 的安全强度更高。尽管 3G/4G/5G 网络有了新的标准，GSM 标准依然是移动通信领域全球应用最广泛的标准之一。

文献［12］结合 A5/1 流密码算法不规则的钟控规则，给出了对 A5/1 算法的近似快速相关攻击。与传统的攻击相比，文献［3］给出的攻击不需要耗费大量存储的预计算，就可以实际复杂度恢复 A5/1 的初始状态。由于 A5/3 和 GPRS 与 A5/1 使用相同的密钥生成密钥流，这意味着文献［3］的工作也对其他相关协议构成了现实的威胁。

目前几乎所有的对称密码都可以转化成关于明文比特、密文比特和密钥比特的二元域上的多元多项式方程组。给定明文和其对应的密文，通过求解这个密码系统对应的代数方程组，就可以恢复密钥。这就是所谓的代数密码分析。然而要进行代数密码分析有两个实际困难。首先，很难实际写出一个密码系统的代数方程（过多的项数使得存储这些方程都是不实际的）。其次，即使可以写出相应的代数方程组，求解多元多项式方程组也是困难的。因此，代数攻击在对称密码分析中除了对一些今天看来有明显弱点的流密码体制有效外，很少有成功的实例。这一事实导致近年来很少严重的关注代数攻击的重要性。

　　然而文献［13］成功利用代数攻击在理论上破解了 MARVELLOUS 这一专门为高级密码学协议和应用（零知识证明、同态加密等）设计的分组密码算法家族。这为人们敲响了在这类新设计中重新关注代数攻击的警钟。究其原因 MARVELLOUS 算法组的这些弱点来源于对算法面向一些高级密码协议或应用的过度优化，使得其产生的代数方程具有一定的结构，利于攻击者的求解。

　　对短消息进行高效加密和认证是资源受限应用场景的核心需求，也是最近 NIST 轻量级认证加密算法征集中的一个侧重点：提交的算法应针对短消息（如 8 个字节）进行优化。在文献［14］中，Andreeva 等给出了一个新的密码学原语，即所谓的 Forkcipher，来响应上述需求。

　　Forkcipher 是一个将固定长度输入扩展成固定长度输出的带密钥的函数，其安全性被定义为在选择密文攻击下的不可区分性。文献［14］给出了一个基于分组密码 SKINNY 构造的 Forkcipher 的算法实例：ForkSkinny，并对其进行了细致安全性评估。同时，利用 Forkcipher，文献［14］构造了三个可证安全的高效认证加密模式。实验结果表明，这些认证加密算法的软硬件实现都是非常高效的。

　　Luby-Rackoff 结构以及 Feistel 结构是调用安全伪随机方程，设计安全分组密码的主流途径。在经典计算模型下，3 轮和 4 轮 Luby-Rackoff 结构分别在选择明文攻击和选择密文攻击环境下被证明了安全性。然而在量子计算模型下，Kuwakado 和 Morii 提出了量子叠加的选择明文攻击，在多项式复杂度下就可以区别出 3 轮 Luby-Rackoff 结构的随机性。此外，Ito 等最近提出了量子叠加的选择密文攻击，可以攻击 4 轮 Luby-Rackoff 结构。自从 Kuwakado 和 Morii 发表了结论后，一个问题就被提出来了：多少轮 Luby-Rackoff 结构可以提供抗量子攻击安全性？文献［15］证明了 4 论 Luby-Rackoff 可以抵抗量子选择明文攻击，初步解答了这个基础问题。具体来讲，作者证明了 4 轮 Luby-Rackoff 结构抗量子安全性达到了 $O(2^{\frac{n}{12}})$，同时给出了 4 轮 Luby-Rackoff 结构的量子选择明文攻击方法，复杂度是 $O(2^{\frac{n}{6}})$。文献［15］的结果是第一篇对经典分组密码结构提供了抗量子安全证明的学术论文。论文的证明方法主要是在 Zhandry 的压缩预言机证明框架基础上做了相应的调整。

　　伪随机方程一直以来是在分组密码基础上设计的。近年来密码学的一个发展趋势是基于随机置换来设计各种密码算法。因此，在随机置换基础上构造伪随机方程就成了很自然的研究方向。文献 [16] 研究了如何基于公开随机置换设计生日界安全的伪随机函数。首先，作者在单个公开随机置换基础上设计了一个伪随机方程，安全性不能超越生日界安全 $2^{\frac{n}{2}}$，n 是方程中间状态的比特长度。其次，文献 [16] 研究了如何设计超越生日界安全的一般性构造。通过分析并列 Even-Mansour 的取和结构 SoEM，证明了如果使用两个独立的公开随机置换和轮密钥的话，SoEM 可以达到 $2^{\frac{2n}{3}}$。文献 [16] 同时设计了 Key-Alternating Cipher 的取和结构 SoKAC，即基于公开随机置换的 Davies-Meyer 结构，并证明在单密钥下该结构的安全性达到了 $2^{\frac{2n}{3}}$。

文献 [17] 主要关注基于随机数的对称加密协议在理论研究和实际应用之间的距离。具体来讲，理论研究对于随机数的使用方法在实际应用中可能会泄露隐私。作者针对基于随机数的对称加密协议，提出了新的解密流程，即解密过程不需要输入随机数，并相应提出了新的安全性能要求：不仅明文，随机数也需要保密性。文献 [17] 设计了新的对称加密协议，证明该协议可以满足这些新的安全性能。

现代密码学依赖于高质量随机数，所以伪随机数生成器就成为密码学的基础研究。最近的一个研究方向（初始于 Dodis 等 CCS 13 的论文）是带输入值的伪随机数生成器的鲁棒性。这类密码算法通过多个输入源积累足够的熵，进而从中提取随机比特流。即使出现了中间状态泄露或者攻击者控制了输入源，鲁棒性保障了伪随机置换的安全性。然而，这种鲁棒性从根本上来说依赖于种子，或者内部的理想组件，而与输入源的熵无关。这两个假设都有一定的问题：种子生成过程同样需要随机源。这就引起了争议：种子或者理想组件是否能做到与输入源无关。

文献 [18] 提出了一个新的鲁棒性定义，保障了：（1）不使用种子的伪随机数生成器；（2）组件相关的攻击者熵源，从而解决了以上的矛盾性困境。为了跨越不可能壁垒，作者做出了一个现实的妥协：即使熵源生成器的内部组件被公开了，熵源仍然可以生成足够的熵。作者设计了一个简单实用并且可证明安全的构造，使用了基于压缩函数、分组密码、置换的哈希函数。该构造可以实例化工业标准哈希函数 SHA-2 和 SHA-3，或者密钥导出函数 HKDF。并且该构造可以被转换为不使用种子输入的随机数抽取器。

文献［18］同时考虑了基于计算困难复杂度的鲁棒性和基于信息论的鲁棒性。前者限制了攻击者和理想组件的互动次数，后者依赖于注入的随机数，并为应用提供了强安全性。作者指出了 Intel 芯片的随机数生成器不满足这篇论文定义的安全性。

先加密然后进行认证（EtM）是认证加密码的一个主流设计模式。但是绝大多数采用 EtM 模式设计的认证加密码，包括 TLS 的认证加密码套件，都不能在随机数误用情况下保障安全。一次随机数重复使用将导致哈希密钥泄露，进而导致通用伪造攻击。目前仅有两个认证加密码采用了 EtM 模式，并可以抵抗随机数误用攻击：GCM-RUP（CRYPTO 17）和 GCM/ 2^+（INSCRYPT 12）。但是这两个构造的安全性在随机数重复的场景下只能达到生日界，因此必须限制单个密钥生命周期内处理的数据量。文献［19］提出了一个基于分组密码的设计 nEThM，超越了生日界抗伪造性安全，然后通过有机整合 nEThM 和 CENC 加密工作模式，实现了基于随机数的认证加密码 CWC+。该认证加密码实现了在随机数重复的场景下超越生日界安全。

本节作者：孙思维（中国科学院信息工程研究所）、王磊（上海交通大学）

参考文献

［1］Aron Gohr. Improving Attacks on Round-Reduced Speck32/64 Using Deep Learning. CRYPTO（2）2019：150-179.

［2］Danping Shi, Siwei Sun, Yu Sasaki, Chaoyun Li, Lei Hu. Correlation of Quadratic Boolean Functions：Cryptanalysis of All Versions of Full MORUS. CRYPTO（2）2019：180-209.

［3］Fukang Liu, Christoph Dobraunig, Florian Mendel, Takanori Isobe, Gaoli Wang, Zhenfu Cao. Efficient Collision Attack Frameworks for RIPEMD-160. CRYPTO（2）2019：117-149.

［4］Gaëtan Leurent, Ferdinand Sibleyras. Low-Memory Attacks Against Two-Round Even-Mansour Using the 3-XOR Problem. CRYPTO（2）2019：210-235.

［5］Gaëtan Leurent, Thomas Peyrin. From Collisions to Chosen-Prefix Collisions Application to Full SHA-1. EUROCRYPT（3）2019：527-555.

［6］ Ting Li, Yao Sun. Preimage Attacks on Round－Reduced Keccak－224/256 via an Allocating Approach. EUROCRYPT（3）2019：556－584.

［7］ Anne Canteaut, Virginie Lallemand, Gregor Leander, Patrick Neumann, Friedrich Wiemer. Bison Instantiating the Whitened Swap－Or－Not Construction. EUROCRYPT（3）2019：585－616.

［8］ Achiya Bar－On, Orr Dunkelman, Nathan Keller, Ariel Weizman. DLCT：A New Tool for Differential－Linear Cryptanalysis. EUROCRYPT（1）2019：313－342.

［9］ Itai Dinur, Daniel Kales, Angela Promitzer, Sebastian Ramacher, Christian Rechberger. Linear Equivalence of Block Ciphers with Partial Non－Linear Layers：Application to LowMC. EUROCRYPT（1）2019：343－372.

［10］ Xavier Bonnetain, Léo Perrin and, Shizhu Tian. Anomalies and Vector Space Search：Tools for S－Box Analysis. ASIACRYPT（1）2019：196－223.

［11］ Senpeng Wang, Bin Hu, Jie Guan, Kai Zhang, Tairong Shi. MILP－aided Method of Searching Division Property Using Three Subsets and Applications. ASIACRYPT（3）2019：398－427.

［12］ Bin Zhang. Cryptanalysis of GSM Encryption in 2G/3G Networks Without Rainbow Tables. ASIACRYPT（3）2019：428－456.

［13］ Martin Albrecht, Carlos Cid, Lorenzo Grassi, Dmitry Khovratovich, Reinhard Lüftenegger, Christian Rechberger, Markus Schofnegger. Algebraic Cryptanalysis of STARK－Friendly Designs：Application to MARVELlous and MiMC. ASIACRYPT（3）2019：371－397.

［14］ Elena Andreeva, Virginie Lallemand, Antoon Purnal, Reza Reyhanitabar, Arnab Roy, Damian Vizár. Forkcipher：A New Primitive for Authenticated Encryption of Very Short Messages. ASIACRYPT（2）2019：153－182.

［15］ Akinori Hosoyamada, Tetsu Iwata. 4－Round Luby－Rackoff Construction is a qPRP. ASIACRYPT（1）2019：145－174.

［16］ Yu Long Chen, Eran Lambooij, Bart Mennink. How to Build Pseudorandom Functions from Public Random Permutations. CRYPTO（1）2019：266－293.

［17］ Mihir Bellare, Ruth Ng, Björn Tackmann：Nonces Are Noticed. AEAD Revisited. CRYPTO（1）2019：235–265.

　　［18］Sandro Coretti，Yevgeniy Dodis，Harish Karthikeyan，Stefano Tessaro. Seedless Fruit Is the Sweetest：Random Number Generation，Revisited. CRYPTO（1）2019：205–234.

　　［19］Avijit Dutta，Mridul Nandi，Suprita Talnikar. Beyond Birthday Bound Secure MAC in Faulty Nonce Model. EUROCRYPT（1）2019：437–466.

2　密码分析

　　对称分组密码是具有数据加密功能的重要密码学部件，其设计和安全性分析自然是密码学中的重要方向。Feistel-like 结构和 key-alternating 结构是当前对称分组密码算法的常用结构，学界针对这两类结构也给出了许多理想模型下的安全性证明。然而，在这些理想模型下，往往对其中组件的性质要求严格（如需要许多随机置换）。因此，寻求模型假设较弱且仍能达到较强理想安全性的新的构造方式，也是在拓展对称密码的设计空间。

　　在 2015 年的亚洲密码年会上，由 Tessaro 给出的 Whitened Swap-Or-Not（WSN）[1] 结构，提供了一个新的构造方法，其仅基于一个关键的置换进行迭代，却达到了之前需要多个置换才能达到的安全性。基于这种对模型假设弱化的构造方式，Canteaut 等[2] 在 2019 年欧洲密码年会上，首次给出了采用 WSN 结构的实例化算法——BISON，其核心是通过巧妙地引入 bent 函数并利用其性质，给出了单密钥下的差分安全界以及不可能差分轮数上界，甚至可以进一步证明 BISON 算法不存在 differential 效应。作者也给出了关于 BISON 抵抗线性分析的安全性证明和零相关轮数上界。

　　尽管文献［2］中不能给出 BISON 抵抗 linear hull 效应的安全性证明和相关密钥场景下的安全界，并且 BISON 在软件实现上的性能相对传统算法（如 AES，SM4）有很大的差距。但作为对对称密码算法可证明安全结构上的进一步研究拓展以及实例化，其仍然为今后相关的设计和分析工作提供了一些值得借鉴的思路。

　　Chosen-prefix collision attack 是指给定任意的消息 M_1 和 M_2，都能找到消息 M_3，M_4，使得 $M_1 \parallel M_3$ 和 $M_2 \parallel M_4$ 的哈希值相等。人们普遍认为找到 chosen-prefix collision 远远比找到碰撞要难。文献［3］降低了对 SHA-1 chosen-prefix collision 的复杂度，结果

大大出乎人们直观的认知。2005 年，王小云等学者首次给出了完整 SHA-1 的碰撞攻击，2017 年，Marc Stevens 等学者给出了 SHA-1 的碰撞实例。2013 年，Marc Stevens 等学者首次给出了 SHA-1 的 chosen-prefix collision。文献［3］更细致地考虑了以前所有对 SHA-1 的分析方法，放宽了对几乎碰撞路线最后几步的要求，增大了可能构造出碰撞路线的输入链接变量差分的取值空间，从而降低了生日攻击阶段的复杂度。另外，优化了由几乎碰撞形成碰撞的过程，降低了此阶段的复杂度。文献［3］的结果表明，构造 SHA-1 的 chosen-prefix collision 远没有人们之前认为的那么困难，考虑到 chosen-prefix collision 给实际应用带来的巨大威胁，应尽快用 SHA-2 或 SHA-3 更换 SHA-1。

在构造 Keccak 的原像时，主要需克服两个限制因素，一是初始值的指定部分的值为零，二是输出的指定部分的值要等于哈希值。文献［4］构造了缩减轮数 Keccak 算法的原像，和以前的分析结果相比，降低了复杂度。文献［4］中构造的原像包含两个消息分组，其中第一个消息分组的自由度用来满足第一个限制因素，第二个消息的自由度用来满足第二个限制因素，并且在寻找原像的过程中，优化了中间状态的限制条件，使得线性化非线性组件的复杂度降低，且留下了更多的可用自由度。

本节作者：王美琴、陈师尧（山东大学），王高丽（东华大学）

参考文献

［1］Stefano Tessaro. Optimally Secure Block Ciphers from Ideal Primitives. ASIACRYPT（2）2015：437-462.

［2］Anne Canteaut，Virginie Lallemand，Gregor Leander，Patrick Neumann，Friedrich Wiemer. Bison Instantiating the Whitened Swap-Or-Not Construction. EUROCRYPT（3）2019：585-616.

［3］Gaëtan Leurent，Thomas Peyrin. From Collisions to Chosen-Prefix Collisions Application to Full SHA-1. EUROCRYPT（3）2019：527-555.

［4］Ting Li，Yao Sun. Preimage Attacks on Round-Reduced Keccak-224/256 via an Allocating Approach. EUROCRYPT（3）2019：556-584.

3 认证加密

在一些受限的应用中，比如大规模 IoT 网络，针对短消息的高效加密和认证是非常必要的。正如 NIST 轻量密码项目中所提出的一个要求，具有关联数据的认证加密（AEAD）方案应该"optimized to be efficient for short messages"。目前通用型 AEAD 方案处理长消息基本能达到最优，而针对短消息的处理还需要进一步研究。文献［1］的主要目标是构造在处理短消息方面比之前所有文章更加高效的且可证明安全的 AEAD 方案。文章的主要贡献为：（1）提出对称密码学上的一个新原语，Forkcipher。Forkcipher 可以看成是把一个固定长度输入扩展为固定长度输出的带密钥函数，它可用于设计针对短消息的高效 AEAD 方案。针对 Forkcipher，在选择密文攻击的模型下定义了不可区分安全性；（2）基于 SKINNY，给出了一个高效的实例化 Forkcipher 方案，即 ForkSkinny。其中，SKINNY 是一个使用 TWEAKEY 框架构造的可调整的轻量级分组密码。文章分析了 ForkSkinny 在抵抗经典攻击和特定结构攻击下的安全性；（3）通过设计三个新的可证明安全的 nonce-based AEAD 方案刻画 Forkciphers 的适用性。这三个方案在性能和安全性之间做了一个平衡，能达到处理非常短的消息效率的最优值。参考 16 字节的分组大小，文献［1］的方案优于目前基于 SKINNY 最好的 AEAD 方案，同时支持任意长度的消息；（4）对提出的方案进行硬件实现，与基于 SKINNY 分组密码的最优实例相比，ForkSkinny 是目前性能最好的方案。

在传统的认证加密（AE）方案中，用于生成密文的 nonce 需要和密文一起发送给接收者，密文才能被正确解密（这种 AE 方案也称为是 nonce-based AE，nAE）。因此，nAE 破坏了匿名性和可用性。通过传输关联数据（AD）或者会话 ID（SID）同样也会破坏匿名性。一种直观的解决方法是利用接收者的公钥对这些信息进行加密。然而，这种方法会增加密文长度和加解密的计算开销。为了解决这一问题，文献［2］提出匿名认证加密（anAE）的概念。一个 anAE 方案的解密算法伴随一系列可选择的算法，最终的输出不仅包含明文，还包含了 nonce、SID 和 AD。文献［2］给出了形式化定义和相应安全模型的定义。该安全模型同时刻画了机密性、隐私性和可认证性。其次，基于一个 nAE 方案和一个分组密码，文献［2］提出了一个高效的 anAE 方案构造——NonceWrap，并给出了方案的安全性证明。值得注意的是 anAE 并不能解决 traffic-flow

分析带来的隐私泄露，但保证了密文本身不泄露隐私。

文献［3］研究具有关联数据的认证加密（AEAD）系统中抗泄漏的问题以及基于 sponges 的方案构造。现有的 AEAD 研究主要集中在方案设计、性能优化和提供鲁棒性安全保证等方面，而针对如何构造能够抵抗侧信道攻击的 AEAD 方案进展比较缓慢。因此，文献［3］首先把抗泄漏的 AEAD 方案构造归约为在有泄漏的情况下具有随机性和不可预测性的定长输入函数（fixed-input-length function）的构造，并证明了该函数可以通过伪随机生成器和抗碰撞的哈希函数组合而成。因此，可得到一个 nonce-based AEAD 方案。该方案效率较高，每次加密或者解密操作仅需调用两次该抗泄漏函数。其次，基于 sponges 给出了非适应性抗泄漏函数的实例化。最后基于 sponge-based 抗泄漏函数的构造，结合 sponge-based 构造中对应的伪随机生成器和抗碰撞的向量哈希函数，提出相应的 AEAD 方案——SLAE。SLAE 易于部署，效率较高，既保留了 ISAP 方案（DEM 17）的主要特点，又能在非适应性泄漏（non-adaptive leakage）模型下给出形式化安全证明。

本节作者：赖建昌（福建师范大学）

参考文献

［1］ Elena Andreeva, Virginie Lallemand, Antoon Purnal, Reza Reyhanitabar, Arnab Roy, Damian Vizár. Forkcipher. Forkcipher：A New Primitive for Authenticated Encryption of Very Short Messages. ASIACRYPT (2) 2019：153-182.

［2］ John Chan, Phillip Rogaway. Anonymous AE. ASIACRYPT (2) 2019：183-208.

［3］ Jean Paul Degabriele, Christian Janson, Patrick Struck. Sponges Resist Leakage：The Case of Authenticated Encryption. ASIACRYPT (2) 2019：209-240.

公钥密码

1 数字签名

文献 [1] 研究了格陷门的松弛概念——近似陷门，可用于对 Ajtai 单向函数进行近似求逆，旨在提升基于格陷门的密码系统的实现效率，包括 hash-and-sign 签名。文献 [1] 通过修改 Micciancio 和 Peikert 在欧密会 2012 上提出的小组件陷门（gadget trapdoor）构造近似陷门，展示了如何使用近似小组件陷门从陷门独立分布中采样短原像。该分布的分析使用了一个涉及格上离散高斯线性变换的定理。近似小组件陷门可与现有的优化技术一起使用，以提升随机预言机模型中基于（环）LWE 和（环）SIS 假设的 hash-and-sign 签名方案的具体性能。文献 [1] 提出的方案的签名和公钥的大小仅为其他基于精确陷门方案的一半左右。

众所周知，保长（length-preserving）哈希函数的抗第二原像安全性和抗原像安全性之间存在间隙。文献 [2] 介绍了判定性抗第二原像（DSPR）安全性的概念，以填补这个间隙。在 DSPR 安全模型中，给定一个随机输入 x，攻击者正确判断 $H(x)$ 是否具有第二原像的优势是可忽略的。基于该概念，紧规约可消除多目标保长原像问题的交互性，例如在分析基于哈希的签名方案时出现的问题等。先前的规约技术仅适用于所有保长哈希函数的一小部分，排除了几乎所有现有的哈希函数。

文献 [3] 提出了一类新的保持结构的签名方案，可对群元素向量进行签名，并且在不知道任何秘密的情况下对签名和消息统一进行随机化。确切地说，方案把消息看作来自素数阶群的群元素向量上的等价类的代表，由代表的向量分量的离散对数相互比例确定。通过将每个分量与同一个标量相乘，可获得同一等价类的不同代表。文献 [3] 提出了此类签名方案的定义及其安全模型，并给出了一个高效的方案构造，同时证明了该方案在 SXDH 假设下是安全的。其中，方案的存在性不可伪造性（EUF-CMA）在通用群模型中的通用伪造者面前是成立的，而类隐藏性则基于 DDH 假设而成立。更进一步，文献［3］提出使用所设计的签名方案来构造基于属性的 multi-show 匿名证书（ABC）系统，可支持任意数量的属性。这是第一个具有恒定大小证书和恒定大小 showing 的 ABC 系统。为实现该 ABC 系统的构造，文献［3］还提出了一种新的可随机化的多项式承诺方案，并采用了一种具有很短且恒定大小的知识证明来确保系统中的 showing 协议的新鲜性。

数字签名是区块链、电子合同的底层技术，保障消息的完整性与不可抵赖性，而各种具体的应用场景则带来了功能性要求。开源加密货币门罗币（Monero）所使用的环签名可证明特定一群人中的某个用户对消息进行了签署，但不泄露签名者具体是哪个用户。同时该特性也导致环中用户难以有效声明自己不是签署者或证实自己是签署者。综合实际应用场景，文献［4］细化了环签名的四种潜在有用的概念：可抵赖性（Repudiability）、不可抵赖性（Unrepudiability）、可声明性（Claimability）和不可声明性（Unclaimability）。其可抵赖的方案基于可验证随机函数（Verifiable Random Function，VRF），可从多个经典计算模型下的假设进行实例化。其可声明的方案是从任意标准的环签名方案到可声明方案的黑盒转换。其不可声明的方案是从 Brakerski 和 Kalai 基于格的环签名修改得到，安全性依赖于 SIS 假设。这些新概念的定义和相应的方案构造进一步拓展了环签名的应用场景。

椭圆曲线数字签名算法（Elliptic Curve Digital Signature Algorithm，ECDSA）的分布式版本很难实现，已知的解决方案中通常需要使用复杂的零知识证明抵抗恶意敌手。针对两方进行签名这一特定场景，文献［5］在 Lindell 2017 年工作的基础上，使用哈希证明系统（Hash Proof System）泛化 Lindell 的方案。在不需要使用非标准的交互式假设的情况下实现基于模拟的安全性证明。该方案可基于虚二次域的类群来实例化，所得的 128 比特安全的方案仅比 Lindell 的方案略微慢一点，而 128 比特安全的方案在密钥生成和签名时间上均有优势。

内容节制（Content Moderation）技术对于阻止社交平台上的辱骂和骚扰消息具有重要作用。现有的调整机制，比如消息印标（Message Franking）要求平台提供者能够将用户身份与加密消息进行关联。然而，这些机制并不适用于元数据私密的消息收发系统，例如 Signal 中的用户能隐藏其身份。为解决该问题，文献［6］延展了指定验证者数字签名，提出了非对称消息印标（Asymmetric Message Franking，AMF）的概念及AMF 的强安全性定义，并提出了具体的方案构造。方案的高效率，可应用于元数据私密的消息收发中的内容节制。

简洁的零知识非交互式证明（Zero Knowledge Succinct Non-interactive Argument，zk-SNARG）是一类新型的高效零知识证明协议。早期的 zk-SNARG 协议是基于概率可检查证明（Probabilistically Checkable Proof，PCP）的，但 PCP 的构造操作复杂，导致整个系统生成证明的效率低下。同时，系统也需要一个可信的参数设立过程（trusted setup）。后续的一些工作试图去除可信方，例如以安全多方计算的方式生成系统参数等，但效率也都不理想。文献［7］针对算术电路可满足性问题设计并实现了一个安全、高效、无须可信参数设立过程的 SNARG 协议，称之为 Aurora。论文提出了高效的交互式预言机证明（Interactive Oracle Proofs，IOP），并基于 IOP 构造了针对"秩 1-约束满足"问题（Rank-1 Constraint Satisfaction，R1CS）的 SNARG 协议，拥有透明的（transparent）的系统参数设立过程、后量子安全性，可作为轻量级密码学工具。系统效率方面，对于具有 n 个约束的电路，生成一个证明仅需要 $O(n \log_2 n)$ 个域操作，生成的证明大小为 $O(\log_2 n)$。该协议构造的关键是一个新的用于求解经典和检验问题的单变量版本的 IOP。此外，论文基于 C++实现了系统原型，开发了 libiop 库，并准备将其开源以供公众使用。

在大规模监管和信息泄露的时代，安全消息收发（secure messaging）受到了广泛关注。Signal 协议是目前广为认可的高效安全消息收发协议，许多知名的文本消息收发应用都使用了该协议，包括 Signal、Whatsapp、Facebook Messenger、Skype 以及 Google Allo。其核心技术中使用了名为"双离合（double ratcheting）"的技术，每条消息用一个新的对称密钥进行加密和认证。它有许多吸引人的特性，比如前向安全性、后妥协（post-compromise）安全性和即时（无延迟）解密。以前的消息收发协议没有一个可以实现所有这些特性。虽然对 Signal 协议的形式化分析有很多，但是没有一个是令人完全满意的。文献［8］给出了"安全消息收发（secure messaging）"的整洁且通用的定义，清楚描述了其安全性类型，包括前向安全性、后妥协安全性和即时解密。文献［8］首次明确地给出了即时解密的形式化安全模型，使用持续密钥协商（continuous key-agreement）、具有附属数据的前向认证加密（forward-secure authenticated encryption with associated data）以及双输入哈希函数（two-input hash function）等工具构造了模块化的"泛化 Signal 协议"框架。通过实例化该框架，不仅可得到现有的并且广泛使用的基于 Diffie-Hellman 的 Signal 协议，还可实现后量子安全性，且在安全性分析中不依赖于随机预言机模型。

Signal 协议在经过适度改造后可获得后向安全性等其他安全性质。由于使用了公钥密码技术，获得这些额外安全性质的代价是协议运行效率的小幅下降。Jaeger 和 Stepanovs，以及 Poettering 和 Rosler 分别刻画了安全消息收发协议所能达到的最佳安全性。然而，他们构造的协议仅为概念性证明，其性能较 Signal 相去甚远。文献［9］从最基本、最有效的结构出发，讨论在不损失太多效率的情况下能够达到的最大程度地安全性。论文提出了一种新协议，其安全性比现有的基于 Signal 构造的协议更高，仅略低于理论最佳安全性。因为只使用了标准公钥密码学工具，其效率只略低于 Signal 协议。技术层面上，要实现最佳安全性，不可避免地需要在公钥密码工具中进行密钥更新，且更新信息允许公开。文献［9］则选择将更新信息保密，从而实现近似最佳安全性。

环签名允许签名者通过创建一个临时环，将其真实身份隐藏在环中。研究人员在环签名方案的签名大小、是否需要可信的参数设立过程，以及可否在标准假设下证明安全性等问题上进行了多年的研究，但仍未得到很好的解决方案。文献［10］提出了首个具有以下特点的环签名方案：不依赖于可信的参数设立过程或随机预言机；能在可被检验的标准假设下证明其安全性，即非交互式证据不可区分证明、DDH 假设或 LWE 假设；签名大小与环成员数量的对数有关。论文还将相关技术用于构造可关联环签名，使用相同签名密钥签署得到的签名可被关联在一起。

群签名允许群组成员以群的名义匿名签署消息，并可以在需要的时候追查真正的签名者。现有的群签名方案基本都遵循由 Bellare 等提出的"加密-证明"模式，且在证明过程中需要使用非交互式零知识证明（NIZK）。由于格与 NIZK 的匹配度不高，目前所有基于格的群签名方案只能在随机预言机模型下证明其安全性，在标准模型下构造基于格的群签名方案被认为是很难的。文献［11］在该问题上取得了进展，给出了两个标准模型下基于格的群签名构造，在所需的安全性假设和实现效率上进行了适当平衡。第一个方案基于标准 LWE 和 SIS 假设证明了安全性，但群公钥和签名大小与系统中用户数量成线性关系。第二个方案基于标准 LWE 和 SIS 问题的亚指数难度假设，其群公钥和签名大小与系统中用户数量无关。论文提出的方案满足标准模型下 CCA-selfless 匿名性和完全可追踪性，即群签名的标准安全需求，以及 Camenisch 和 Groth 在 SCN 2004 上提出的匿名性要求的略微弱化版本。即使放松了对匿名性的要求，所有之前的群签名构造仍依赖于随机预言机或 NIZKs，然而目前还不清楚 NIZK 是否能由基于格的假设所蕴含。文献［11］在方案构造中通过将具有附加属性的密钥加密方案和一个特殊类型的属性基签名方案相结合，避免了使用 NIZK。

盲签名通常有两个安全性要求：盲性和再一不可伪造性（one-more-unforgeability）。尽管在过去几十年里诞生了一系列盲签名方案，只有少数工作考虑了交互有效、基于标准假设、且在任意并发方式下执行仍能保证其安全性的盲签名方案。Pointcheval 和 Stern 首次实现了这样的方案构造，他们提出了著名的分叉引理（forking lemma），并将其用于在随机预言机模型下基于离散对数假设证明 Okamoto-Schnorr 盲签名方案的安全性。他们的证明技术随后被用于证明更多方案的安全性。但由于 Pointcheval 和 Stern 的论证非常复杂和巧妙，这些证明或者仅给出了证明草图，或者几乎一字不差地遵循他们的证明。文献［12］提出了随机预言机模型下基于线性身份认证方案的盲签名模块化安全性证明方法。针对该目标，论文提出了一个通用框架，以包括文献中的多种知名方案，并证明它们的安全性，展示了如何从任意线性函数族（有特定属性）得出盲签名方案。论文提出的模块化安全性归约引入了身份认证方案的"再一中间人安全性"（one-more-man in the middle security），并证明了其与盲签名的"再一不可伪造性"的等价性。论文还对 Bellare 和 Neven（CCS 2006）的分叉引理进行了泛化，并展示了如何使用该工具显著提升对 Pointcheval 和 Stern（Journal of Cryptology 2000）的盲签名方案的经典安全性证明的理解。

Picnic 是 Chase 等在 ACM CCS 2017 上提出的一种签名方案，并提交至 NIST 后量子标准化项目。在 NIST 项目的所有提交方案中，Picnic 利用了最近针对通用电路的实用零知识证明协议构造中取得的成果，是最具创新性的方案之一。多目标攻击是针对密码系统最基本的攻击之一，文献［13］设计了针对 Picnic 及其内在的称之为 ZKB++ 的零知识证明的多目标攻击。如果获取了由单个或多个用户产生的 S 个签名，该攻击能够（在信息论意义上）以大约 $2^{k-7}/S$ 的复杂度恢复用户的 k 比特签名秘钥。这比 Picnic 所声称的抗经典（非量子）攻击的 2^k 安全性快了 2^7S 倍。在大多数多目标攻击中，攻击者可以轻易对已用目标进行分类和配对，而文献［13］针对 Picnic 的攻击避免了这种情况，因为不同比特的信息对每个目标都是可用的。因此，在计算模型中达到信息论复杂度具有挑战性。论文针对 $k=128$ 的最佳攻击在 $S=2^{64}$ 时具有 $T=2^{77}$ 的时间复杂度；或者可在 $S=2^{57}$ 时能达到的信息论复杂度为 $T=2^{64}$，前提是所有的签名由相同的签名密钥产生。论文的攻击利用了 Picnic 签名算法使用了伪随机数生成器这个弱点，而在 Picnic 2.0 版中该问题已经被修复了。除了对 Picnic 的攻击做了研究，论文还对 ZKB++协议的多目标攻击做了相关研究，发现近期 Katz-Kolesnikov-Wang 对 ZKB++的改进方案仍受到类似的多目标攻击。

近年来，基于编码的密码学取得较大进展，产生了一批较好的方案，其安全性可归约到众所周知的问题，即解码随机结构化矩阵，如理想矩阵或准循环矩阵。文献［14］改进了 Schnorr-Lyubashevsky 构造基于秩的签名方案，可用于获取签名的随机化，而这原本在基于编码的密码学中似乎是难以实现的。论文提供了方案在选择消息攻击下存在性不可伪造安全性证明的详细分析。该方案的安全性依赖于理想秩支持学习、理想秩校验子问题以及一种新引入的问题——乘积空间子空间不可区分性。总的来说，使用论文提出的参数所得到的签名方案，其签名大小与 Dilithium 的基于格的方案相当，公钥小于 20KB，签名大小为 4KB。

Stolbunov 第一个描绘了基于同源问题的签名方案，该方案建立在类群行为框架中。然而，该方案没有在后量子环境下进行分析。实际上，一个简单的实现即可能造成私钥的泄露。CSIDH 方案和 De Feo 等对同源签名方案做了更深入的研究。文献［15］将 CSIDH 的类群行为和 Lyubashevsky 的"带中止的 Fiat-Shamir"策略相结合，提出了一种新的同源签名方案，其方案安全性在量子随机预言机模型下可紧归约到一个非标准难题上。在 128 比特安全性级别上，方案的签名少于 1KB 大小，比格签名要短，但是其签名和验证过程的代价较高。

本节作者：黄琼（华南农业大学）

参考文献

［1］ Yilei Chen, Nicholas Genise, Pratyay Mukherjee. Approximate Trapdoors for Lattices and Smaller Hash−and−Sign Signatures. ASIACRYPT（3）2019：3−32.

［2］ Daniel J. Bernstein, Andreas Hülsing. Decisional Second − Preimage Resistance：When Does SPR Imply PRE？ ASIACRYPT（3）2019：33−62.

［3］ Mojtaba Khalili, Daniel Slamanig, Mohammad Dakhilalian. Structure−Preserving Signatures on Equivalence Classes from Standard Assumptions. ASIACRYPT（3）2019：63−93.

［4］ Sunoo Park, Adam Sealfon. It Wasn′t Me！ −Repudiability and Claimability of Ring Signatures. CRYPTO（3）2019：159−190.

［5］ Guilhem Castagnos, Dario Catalano, Fabien Laguillaumie, Federico Savasta, Ida Tucker. Two−Party ECDSA from Hash Proof Systems and Efficient Instantiations. CRYPTO（3）2019：191−221.

［6］ Nirvan Tyagi, Paul Grubbs, Julia Len, Ian Miers, Thomas Ristenpart. Asymmetric Message Franking：Content Moderation for Metadata − Private End − to − End Encryption. CRYPTO（3）2019：222−250.

［7］ Eli Ben−Sasson, Alessandro Chiesa, Michael Riabzev, Nicholas Spooner, Madars Virza, Nicholas P. Ward. Aurora：Transparent Succinct Arguments for R1CS. EUROCRYPT（1）2019：103−128.

［8］ Joël Alwen, Sandro Coretti, Yevgeniy Dodis. Double Ratchet：Security Notions, Proofs, and Modularization for the Signal Protocol. EUROCRYPT（1）2019：129−158.

［9］ Daniel Jost, Ueli Maurer, Marta Mularczyk. Efficient Ratcheting：Almost−Optimal Guarantees for Secure Messaging. EUROCRYPT（1）2019：159−188.

［10］ Michael Backes, Nico Döttling, Lucjan Hanzlik, Kamil Kluczniak, Jonas Schneider. Ring Signatures：Logarithmic−Size, No Setup−from Standard Assumptions. EUROCRYPT（3）2019：281−311.

［11］ Shuichi Katsumata, Shota Yamada. Group Signatures Without NIZK：From Lattices in the Standard Model. EUROCRYPT（3）2019：312-344.

［12］Eduard Hauck，Eike Kiltz，Julian Loss. A Modular Treatment of Blind Signatures from Identification Schemes. EUROCRYPT（3）2019：345-375.

［13］Itai Dinur，Niv Nadler. Multi-target Attacks on the Picnic Signature Scheme and Related Protocols. EUROCRYPT（3）2019：699-727.

［14］Nicolas Aragon，Olivier Blazy，Philippe Gaborit，Adrien Hauteville，Gilles Zémor. Durandal：A Rank Metric Based Signature Scheme. EUROCRYPT（3）2019：728-758.

［15］Luca De Feo，Steven D. Galbraith. SeaSign：Compact Isogeny Signatures from Class Group Actions. EUROCRYPT（3）2019：759-789.

2 公钥加密/陷门函数

文献［1］提出一个新的概念——陷门哈希函数（TDHs）。陷门哈希函数 H 定义为一个从 $\{0,1\}^n$ 映射到 $\{0,1\}^\lambda$ 的陷门函数。给定一个属于 $[n]$ 的索引 i，TDHs 生成一个能够隐藏 i 的编码密钥 ek 和一个对应的陷门。已知 $H(x)$，提示值 $E(ek,x)$ 和陷门对应的 ek，容易恢复出 x 的第 i 比特。在 DDH、QR、DCR 或者 LWE 标准困难假设下，文献［1］构造出只有 1 比特的提示值 $E(ek,x)$。定义 TDHs 的 rate 等于 $1/|E(ek,x)|$。

文献［1］共有两个主要结果，第一个主要结果通过采用 TDHs，基于 DDH、QR 和 LWE 困难假设，给出了第一个 rate-1 的双消息（two-message）string OT 协议，并进一步获得以下结果：（1）基于 DDH 或者 QR 困难假设，提出第一个下载率（在双消息的安全计算协议中，输出函数的大小 $|f(x,y)|$ 与发送者发送消息大小 $|msg2|$ 的比值）等于 1 的 PIR（private information retrieval）构造；（2）基于 DDH 或者 QR，得到第一个针对分支程序的半紧（semic-compact）同态加密方案，现有的方案只能基于 DCR 和 LWE；（3）基于 DDH、QR 或者 LWE 获得第一个输入和输出比接近 1 的有损陷门函数；（4）基于 LWE，在简单模型下提出第一个双消息的 OT 协议。该协议能够抵抗恶意的接收者，具有统计上发送者隐私（statistically sender-private）和常数大小的 rate。现有方案都是基于 DDH 和 DCR。第二个主要结果针对 n 次平行 OT 协议和基于

DDH、QR 和 LWE 的矩阵向量积，构造首个 rate-1 的协议，该协议的安全性可基于任何困难问题。

在公钥加密系统中，IND-CCA 安全性主要针对的是主动攻击者，与 IND-CPA 安全性相比，有着更高的安全性。IND-CCA 安全的方案构造一直是密码学领域的研究热点。文献［2］探究公钥加密系统中 IND-CCA、IND-CPA 和陷门函数（TDF）三者之间的关系，试图找到一种基于 IND-CPA 安全 PKE 方案来构造 IND-CCA 安全 PKE 方案和 TDF 的统一方法。文献［2］首先以 IND-CPA 安全的 PKE 方案和具有 KDM（key-dependent-message）安全性的 SKE（secret-key encryption）方案为基础构件，构造了一个 IND-CCA 安全的 PKE 方案。其中 SKE 方案要求对应的射影函数（projection function）是一次 KDM 安全的（one-time KDM secure），也称为射影 KDM 安全。方案的主要构造技巧来源于 Koppula 和 Waters 在 2019 年美密会上的文章，即如何利用 hinting 伪随机数生成器，基于 IND-CPA 安全的 ABE 方案构造 IND-CCA 安全的 ABE 方案。据此，文献［2］还证明了一次射影 KDM 安全的 SKE 方案可以通过 hinting 伪随机数生成器构造。

文献的第二个主要贡献是把前述方法拓展到 TDF 上，代价是两个基础构件要满足额外的条件。如果 IND-CPA 安全的 PKE 方案还具有随机密文性质（pseudorandom ciphertext property），即通过方案生成的密文和密文空间中随机选取一个密文是不可以区分的，且射影 KDM 安全的 SKE 方案满足随机数可恢复，则具有适应性单向安全的 TDF 可以基于这两个方案获得。

KDM 安全性是针对具体的某一类函数定义的，是公钥加密方案考虑的一种安全目标，它允许敌手获得密钥对应的密文。现有 KDM-CPA 安全的公钥加密方案效率都比较高，但是 KDM-CCA 安全的公钥加密方案大多数都存在长密文和效率低下的问题。目前最高效的 KDM-CCA 安全的公钥加密方案和 KDM-CPA 安全的公钥加密方案相比，在密文开销上还存在着较大的差距。据此，文献［3］提出两个高效的 KDM-CCA 安全的公钥加密方案，密文开销和 CPA 安全方案具有可比性。

文献［3］中的第一个方案是针对仿射函数设计的，另一个方案是针对多项式函数设计的。两个方案都是基于 Malkin 等（ASIACRYPT 2011）的 KDM-CPA 安全的 PKE 方案。与该 CPA 安全的方案相比，文献提出的方案只增加了很小的开销。为了实现该性能，文献［3］采用 Kitagawa 和 Tanaka（ASIACRYPT 2018）的方案构造技巧，以 IND-CCA 安全的 PKE 方案为基础构件设计方案。基于 IND-CCA 方案的安全性，提出的方案可以在 DCR（decisional composite residuosity）困难假设下证明是 KDM-CCA 安全的。如果对应的 IND-CCA 方案具有紧归约性质，则提出的方案也具有紧归约性质。据此，得到第一个具有紧归约性质的 KDM-CCA 安全的方案，且密文仅包含常数个群元素。

非承诺加密（Non-Committing Encryption，NCE）方案指一个能够生成与真实密文不可区分的 dummy 密文的加密方案，且该 dummy 密文可以看作是任何一个消息加密后得到的密文。NCE 是在自适应环境下实现多方计算协议安全的核心工具。衡量 NCE 效率的一个重要因素是密文率，即密文长度与加密消息长度的比值。针对 NCE 的研究主要集中在具有好密文率的方案构造。目前基于 DDH 困难假设的 NCE 方案具有最好的密文率是 $O(k)$，其中 k 是安全参数。文献［4］的主要贡献在于提出了一个基于 DDH 困难假设的密文率为 $O(\log_2 k)$ 的 NCE 方案。该方案在不使用 CRS（common reference strings）模型下的密文率比之前所有 NCE 方案都好。文献［4］提出的方案只需要两轮交互，具有 NCE 方案的最佳轮数。文献［4］首先提出一个具有密文率为 $poly(\log_2 k)$ 的基本构造，不足的是公钥长度随消息长度二次方增长。为了解决这个问题，文献［4］采用了纠错码（error-correcting codes）技术对提出的基本构造进行拓展，得到一个全构造，不仅实现 $O(\log_2 k)$ 的密文率，还把密文长度降到线性。

RCCA（replayable chosen ciphertext attacks）是一种比标准 CCA 安全稍弱的安全模型，较多的公钥加密方案在 UC（universal composability）模型下只要求达到该安全性。再随机化（re-randomizable）的加密方案指存在一个再随机算法将密文再随机化成一个新的密文。而同时具有 RCCA 安全和再随机化性质的公钥加密方案（Rand-RCCA PKE）在 Mix-Nets、可控函数加密等系统中得到广泛应用。文献［5］提出了一个支持完全再随机化的 Rand-RCCA PKE 方案。该方案可通过 Type3 双线性对实现，且与目前最优的再随机化方案相比具有更好的计算效率和通讯效率。以该方案为基础构件，文献［5］还得到了以下结果：1）支持可公开验证的 Rand-RCCA PKE 方案；2）支持再随机化的可延展 NIZK 协议；3）在 CRS 模型下 UC 安全的可验证 Mix-Net 协议。由于结构保持（structure preserving）的特点，这三个应用都具有高效性。其中提出的 Mix-Net 协议是第一个在 CRS 模型中高效的广泛可验证 Mix-Net 协议，之前用于实现此协议的构造方法主要是通过 NIZK。文中用于构造完全再随机化的 Rand-RCCA PKE 方案采用了一个新的技术，可看成是可随机化的 SPHFs（smooth projective hash functions），称其为可控可延展的 SPHF，并给出了正式的形式化定义。

密码协议的安全性证明通常采用 UC 技术。一个完美的 UC 模型应提供稳健性（Soundness）、灵活性（Flexibility）和可用性（Usability）。遗憾的是，尽管 UC 技术得到了广泛的应用，现有的模型和框架，比如 GNUC 和 IITM 模型，都不能同时满足以上三个性质。据此，文献［6］在 IITM 模型的基础上，提出一个能够同时满足这三种性质的框架，iUC。IITM 模型本身已经能够满足稳健性和灵活性两种性质，它提供了一个通用又简单的 Runtime 概念，使得协议设计者不需要过多关心 Runtime 问题。此外，IITM 模型还为机器实体提供了一种通用的解决机制，使得 IITM 具有良好的灵活性。但是，这种通用性阻碍了可用性，它没有提供设计规范，比如处理参与方 ID，子程序关系等。这些都必须由协议设计者自己去完成。iCU 是 IITM 模型的一个实例，且提供了便捷和强有力的说明协议框架，提高了可用性。iUC 的核心是一个简单的模板，它允许协议设计者以一种精确的、直观的和紧凑的方式规定任意类型的协议。设计 iUC 的难点在于如何保留 IITM 模型的灵活性，在灵活性和可用性之间找到平衡点。文章采用的方法一方面允许高度制度化，另一方面，对重复和标准的规范提供 sensible 默认值。

陷门函数（TDF）是密码学中最基本的构件之一，在实现 CCA 安全性、选择性开放（selective-opening）安全性等方面起着重要的作用。文献［7］研究基于 CDH/DDH 困难问题如何构造具有更强性质的输入输出比（rate）是 1 的 TDF。文献［7］首先基于 CDH 困难假设提出 rate 为 1 的 TDF 构造。构造的方法主要是结合非二进制的字母表和大域上高 rate 的纠错码。在此之前，最好的方案是 Garg 等在欧密 2019 提出的 TDF 构造，其输出是线性的。其次，基于 DDH 假设提出 rate 是 1 的具有 block-source 安全性的确定性公钥加密方案。虽然 Dottling 等（CRYPTO 2019）基于 DDH 已经实现了 rate 是 1 的 TDF 构造，文献［7］中的方案具有更短的公钥且减少至少 $3n^2$ 个群元素的相加因子。Dottling 等的构造方法依赖于基于同态秘密共享技术和纠错码类型技术，而文献［7］未采用其中的任何一种工具。最后对提出的第二个方案进行实现，展示其在概念上更简单，方案更高效。

在确定性公钥加密（D-PKE）系统中，对于相同的公钥和消息，生成的密文是确定的，无法达到 IND 安全。文献［8］考虑在 D-PKE 中，如何尽可能地靠近 IND-CPA 安全性，并提出一种比 IND 更弱的安全性，定义为 PDMR（public-key-dependent message recovery）。文献［8］中主要针对的是具有哈希的加密方案（Encryption with Hash，EwH），因为它高效实用，而且已被证明对于与公钥无关的消息，EwH 能够实现 IND 安全。并提出了一种 forking lemma 的变形，称为 local forking lemma，随机预言机只在一个分叉点上进行重新设计，而不是经过分叉口的所有点。利用该技术，文献［8］证明 EwH 是一个消息 PDMR 安全的（1-PDMR）。如果一个 D-PKE 方案是 1-PDMR 安全的，则对于任意多个 RI（resampling indistinguishable）消息来说，是 PDMR 安全的。这些结果被拓展到 CCA 模型中。当对应的随机化公钥加密方案在 CCA 模型中具有消息可恢复安全性时，EwH 是 1-PDMR 安全和 PDMR 安全（针对 RI 消息）。最后，文章证明对任意的确定性公钥加密方案，如果消息是相关的，则无法达到 PDMR 安全性，并给出了相应的攻击。

在方案构造的时候，我们经常假设存在单向函数（OWF）和一些困难问题，比如 DL，LWE 等。而在证明一个密码方案安全性的时候，通常把方案的安全性归约到某个（些）计算性困难问题上。能否在没有困难假设或者至少在 mild 的复杂性理论假设情况下构造一个基础密码学原语还是一个公开问题。文献［9］基于 Degwekar 等（EUROCRYPT 2016）的研究结果，对细粒度密码学原语进行再次学习，并基于 $NC^1 \subsetneq \oplus$（$L/poly$）假设提出三个细粒度密码学原语。文章首先提出一个 OWPs（one-way permutations）的构造，该构造在 NC^1 中是可计算的且在 $NC^1 \subsetneq \oplus$（$L/poly$）假设下针对 NC^1 电路是安全的。对于 HPS（hash poof system），目前尚未知道能否构造在 NC^1 下可计算，且针对 NC^1 电路中能力有限的攻击者来说是安全的 HPS。据此，文献［9］提出了第一个在 NC^1 下可计算的 HPS 构造，且在 $NC^1 \subsetneq \oplus$（$L/poly$）最差的假设下具有 NC^1 安全性。基于提出的 HPS，可以得到第一个在 mild 复杂性理论假设下针对 NC^1 电路是 CCA 安全的 PKE 方案。最后，文献提出在 NC^1 下可计算的，基于 $NC^1 \subsetneq \oplus$（$L/poly$）假设是 NC^1 安全的 TDF（trapdoor one-way function）方案。

本节作者：赖建昌（福建师范大学）

参考文献

［1］ Nico Döttling, Sanjam Garg, Yuval Ishai, Giulio Malavolta, Tamer Mour, Rafail Ostrovsky. Trapdoor Hash Functions and Their Applications. CRYPTO（3）2019：3-32.

［2］ Fuyuki Kitagawa, Takahiro Matsuda, Keisuke Tanaka. CCA Security and Trapdoor Functions via Key-Dependent-Message Security. CRYPTO（3）2019：33-64.

［3］ Fuyuki Kitagawa, Takahiro Matsuda, Keisuke Tanaka. Simple and Efficient KDM-CCA Secure Public Key Encryption. ASIACRYPT（3）2019：97-127.

［4］ Yusuke Yoshida, Fuyuki Kitagawa, Keisuke Tanaka. Non-Committing Encryption with Quasi-Optimal Ciphertext-Rate Based on the DDH Problem. ASIACRYPT（3）2019：128-158.

［5］ Antonio Faonio, Dario Fiore, Javier Herranz, Carla Ràfols. Structure-Preserving and Re-randomizable RCCA-secure Public Key Encryption and its Applications. ASIACRYPT（3）2019：159-190.

［6］ Jan Camenisch, Stephan Krenn, Ralf Küsters, Daniel Rausch. iUC：Flexible Universal Composability Made Simple. ASIACRYPT（3）2019：191-221.

［7］ Nico Döttling, Sanjam Garg, Mohammad Hajiabadi, Kevin Liu, Giulio Malav olta. Rate-1 Trapdoor Functions from the Diffie-Hellman Problem. ASIACRYPT（3）2019：58 5-606.

［8］ Mihir Bellare, Wei Dai, Lucy Li. The Local Forking Lemma and its Application to Deterministic Encryption. ASIACRYPT（3）2019：607-636.

［9］ Egashira Shohei Yuyu Wang Keisuke Tanaka. Fine-Grained Cryptography Revisited. ASIACRYPT（3）2019：637-666.

3　属性基/函数加密

　　LeFKo 和 Waters（CRYPTO 2012）基于对偶系统加密方法提出了构造紧凑适应性安全 ABE 的框架，将如何基于静态假设实现同样效率的方案留作公开问题。目前相关的方案要么限制属性重用（或密文大小随策略增长），要么基于较复杂的假设（例如，q-type 假设），所以上述公开问题仍未解决。文献［1］关注 NC^1 电路访问策略，引入针对 NC^1 的秘密共享方案实现了多项式级的安全退化，在 k-linear 假设下构造了满足适应性安全的 ABE 方案。该方案同时实现了以下四种特性：（1）密文/密钥大小仅与属性长度相关，与策略大小无关；（2）适应性安全和多项式级安全退化；（3）基于标准模型中的简单假设；（4）基于非对称素数阶双线性映射构造，从而解决了 LeFKo 和 Waters 提出的公开问题。文献［1］简化了 Jafargholi 等（CRYPTO 2017）利用 pebbling game 证明适应性安全的分段猜测框架，在安全性证明过程中使用改进的 pebbling strategy，并对 pebbling configuration 的描述提供了一个更好的边界。文献［1］基于单调 NC^1 电路访问策略进行了论述，并指出可以很容易地将其扩展到非单调情况。同时，也指出了可能用于减少转换过程中效率损失的方法，并将这一部分内容作为未来的工作。

通过构造更强大的谓词来扩展表达能力是基于属性加密（ABE）的一个中心话题，许多工作致力于构造谓词组合的 ABE 方案。Ambrona 等（CRYPTO 2017）的成果支持丰富的谓词组合方式，然而由于在初始化阶段必须固定组合策略（或者策略的结构），因此只能看作是静态（或者部分动态）类型。在 Agrawal 和 Chase（EUROCRYPT 2017）提出的符号对编码（symbolic pair encoding）通用框架内，文献［2］利用符号的无界特性实现了无界大小（unbounded-size）的策略组合，并提出了四种转换，通过组合均可将支持简单谓词的 ABE 方案转换为支持表达能力更强的组合谓词 ABE 方案。这些转换是动态和无限制的，它们允许用户在自己的密钥或密文中指定任意的和无界大小的组合策略。其中三种转换分别对应三种不同类型的策略组合，分别为：单调张成方案类（monotone span program）、分支程序类（branching program）和有限状态机类（deterministic finite automata）。另外一种转换将所有参与的 ABE 方案参数重用，从而使得最终方案的参数大小不会指数化增长。这些基于任意谓词定义的通用策略可以进行模块化的组合。为此，文献［2］提出了两种模块化的应用：（1）将密文策略与密钥策略"嵌套"构造出新的 ABE 方案；（2）基于 q-ratio 假设下实现了满足适应性安全且支持非单调张成方案（non-monotone span programs）的无界 KP-ABE 方案。

可更新加密允许数据拥有者使用更新令牌将密文从旧密钥更新到新密钥。在实践中，更新加密密钥是一个常见的需求，它可以减轻在时间推移过程中密钥泄露的影响。可更新加密一般分为密文相关和密文无关两种形式：密文相关是指数据所有者需要为每个密文生成特定的更新令牌，如 Everspaugh 等（CRYPTO 2017）在此情况下实现了选择密文安全（CCA）和密文完整性（CTXT）；密文无关则指一个更新令牌可以更新所有密文，这种情况下令牌的功能更强大，但是削弱了安全性，比如 Boneh 等（CRYPTO 2013）和 Lehmann 等（EUROCRYPT 2018）的方案只实现了选择明文（CPA）安全且没有提供完整性保护。

基于上述背景，文献［3］提出了两种满足不同程度安全性和完整性的构造：（1）针对非适应性重加密攻击，结合具有密钥旋转（key-rotatable）性质的整洁加密（tidy encryption，即随机数可恢复加密）和伪随机函数，通过 Encrypt-and-MAC 转换构造了 CCA 安全和密文完整性（CTXT）的可更新加密方案；（2）针对适应性攻击，利用 Naor 和 Yung（SOTC 1990）的双重加密技术，结合 CPA 安全的 key-rotation 方案 RISE（EUROCRYPT 2018）和 GS 证明（PKC 2014），构造了满足 RCCA（replayable CCA）安全和明文完整性（PTXT）的可更新加密方案，允许对重加密密文的有效性进行验证，从而限制恶意重加密行为。总之，文献［3］实现了第一个满足 CCA 安全并提供强完整性保护的密文无关类型的可更新加密方案。该方案的构造和安全性证明都是模块化的，它的安全性源自底层构建块的性质。

综上，ABE 相关的 CCA 安全研究对其他方案的安全性提升也有一定的参考价值，在 ABE 表达能力的扩展方面进展颇丰，进一步可考虑在相同情况下提高安全性。另外，可更新加密相关的安全性研究和完整性研究具有重要的应用价值。

在密码学中，提高方案或系统的安全性一直是一个重要的目标，从选择明文安全到实现选择密文安全是长期的公开问题。近十几年来，基于属性加密发展出多种多样的功能，但是通常情况下 ABE 方案只证明实现了 CPA 安全。Yamada 等（PKC 2011）论证了具备某些特性的 CPA 安全的 ABE 方案也满足 CCA 安全，然而这些特性需要手工检查与证明，且大多数方案并不具备这些特性。文献［4］提出了一种具有特殊安全性的伪随机发生器（PRG）。该 PRG 输入为 n 比特 $s \in \{0, 1\}^n$，输出为 $n \cdot l$ 比特 $(y_1, \cdots, y_n)$，其中 y_i 是长度为 l 的比特串。对于随机选择的 s，该 PRG 满足以下两个分布的计算不可区分性：（分布 1）对于 $i \in [n]$，$r_{s_i, i} = y_i$ 和 $r_{\bar{s}_i, i}$ 是随机值；（分布

2）对于 $i \in [n]$，$b \in \{0, 1\}$，$r_{b, i}$ 是随机值。文献［4］称该 PRG 为隐式伪随机发生器，并分别基于计算 Diffie-Hellman 假设和误差学习假设构造了隐式伪随机发生器。利用隐式伪随机发生器，文献［4］实现了从 CPA 安全的 ABE 或单边谓词加密（one-sided predicate encryption）系统到 CCA 安全系统的通用与黑盒转换。除此之外，文献［4］为常规公钥加密实现 CCA 安全性提供了一种新的方法与视角。最后，文献［4］也指出上述转换不适用于标准的谓词加密。

在一些通信场景中，通信双方都希望可以指定访问控制策略，例如：在社交配对中，发送方 S 加密包含自己信息的文件，并指定策略使得只有他的理想伴侣才可以解密；相对的，当发送方 S 同时也符合接收方 R 的理想伴侣要求时，接收方 R 才可以解密这个文件。针对这类场景，文献［5］提出了一种新的加密原语，即配对加密（Matchmaking Encryption，ME）及其安全性定义。ME 要求发送方和接收方各自拥有属性并各自指定访问控制策略，只有双方互相满足对方要求时才可以解密密文。文献［5］克服了同时检查策略的技术挑战，利用数字签名和非交互式零知识证明实现了从函数加密构造 ME 的通用框架，并证明了其安全性。基于提出的通用框架，文献［5］构造了基于身份体制下实用的 ME 方案（IB-ME）。然后在随机预言机模型下基于双线性 Diffie-Hellman 假设证明了其安全性。最后，通过实验验证了其实用性，并结合 Tor 网络构造了名为匿名电子公告栏的具体应用。除此之外，文献［5］指出 ME 还存在许多可以扩展与改进的地方，例如：简化构造所需的假设、不依赖随机预言机构造 IB-ME 方案、实现选择密文安全、和研究相关密钥管理与撤销的高效基础设施等。

从理论与实践的角度来看，将密码原语建立在较弱的与容易理解的假设之上均具有重要的意义。Waters（CRYPTO 2012）在函数加密（FE）中引入了确定性有限自动机（DFA），并将简化方案的构造作为一个公开问题。后续的相关工作都是基于双线性群中的 q-type 假设构造，而 q-type 假设的复杂度会随着输入属性的长度增加而增高。由于许多应用场景缺少属性大小的先验界限，因此上述工作普遍存在复杂度过高问题。文献［6］延续了 Waters 的工作，使用 DFA 作为策略使得基于属性加密支持正则语言，同时解决了 Waters 提出的简化假设问题，构造了第一个基于双线性群中静态假设与 DFA 的 ABE 方案。该方案在素数阶双线性群的标准 k-linear 假设下实现了抵抗无界合谋（unbounded collusions）的选择性安全（selective security）。与之前基于 DFA 的 ABE

方案的证明策略不同，文献［6］设计了一系列的仿真游戏来跟踪计算，安全性证明结合了"嵌套、双槽"的对偶系统参数（"nested, two-slot"dual-system argument）和一种沿着 DFA 计算路径传播熵的新组合机制。文献［6］中简要分析了该方案实现适应性安全的可能性，由于分段猜测框架（piecewise guessing framework）或者双选择性框架（doubly selective framework）都会造成指数级的安全退化，因此文中认为在 k-linear 假设下，基于 DFA 的 ABE 方案实现多项式级安全退化的适应性安全需要新的方法与视角。

如何基于标准假设构造支持统一计算模型的基于属性加密（ABE）的方案是一个重要问题，根据 Waters（CRYPTO 2012）的工作及其相关变体，目前已知支持统一计算模型的 ABE 应该满足以下三点：（1）不依赖于多线性映射或者不可区分混淆；（2）输入长度无限制；（3）攻击游戏中密钥请求次数无限制。Waters 基于双线性映射上的 q-type 假设提出了第一个支持确定性有限自动机（DFA）的 ABE 方案，并将如何使得 ABE 方案支持非确定性有限自动机（NFA）留作开放性问题。文献［7］提供了一个将 NFA 转换为 NC 电路的有效算法，利用该算法和基于电路的函数加密，结合伪随机函数，将许多基于电路的 ABE 以"并行"的方式组合，构造出 NfaABE 方案。该方案支持无限长度输入和有界大小的 NFA。然后，以 NfaABE 和基于电路的 ABE 为基础构造出支持无限长度输入和无限 NFA 大小的 ABE 方案。文献［7］还扩展 NfaABE 方案，实现了类似电路体制的属性隐藏，并构造了支持 NFA 的谓词加密和有界密钥函数加密方案。文献［7］还实现了有界密钥情况下状态机的隐藏，构造了可重用的混淆 NFA 方案。最后，文献［7］证明了即使对于支持 DFA 的对称密钥函数加密，满足无限密钥请求的安全性也意味着需要依赖电路不可区分性混淆，从而表明实现支持 NFA 的成熟的函数加密存在阻碍。文献［7］的工作基于对称密钥实现，且只满足选择性安全，因此文中指出未来可研究具备相同功能的公钥 ABE 方案，并考虑实现适应性安全。同时，也希望提出的构造思想有更多的应用，例如，用于实现支持更通用计算模型的方案。

综上，文献［4-7］对基于属性加密（ABE）相关的安全性、基本假设、策略的表达能力进行了有效的研究。然而，Waters（CRYPTO 2012）提出的公开问题还没有彻底解决，未来的研究应该继续致力于安全性与功能性的综合能力提升，研究如何同时实现适应性安全、基于简单的密码学假设、支持能力更强的通用计算模型（如图灵机）等多种特性。

函数加密是一种公钥加密体制，它利用一个特定的解密密钥，对密文执行指定的函数，并输出一个密文，该密文包含了明文作为该函数输入时的输出结果。函数加密是一种高度通用化和抽象化的加密体制，其在现代密码学领域中的具体代表包括同态加密、基于身份加密与基于属性加密等。在 2019 年的亚密会上，主要探讨了函数加密中的多输入、多客户端以及函数隐藏特性。其中，多输入的函数加密是指，加密的函数在运算时可以有多个密文同时输入参与计算。多客户端与多输入类似，只是多客户端的函数加密中，函数的多个输入密文可以是由不同的密钥加密生成的。在部分多输入的函数加密方案中，函数不同位置的加密输入参数带有不同标签，即只有在加密密文时输入指定标签，生成的密文才能输入到函数的标签所指定的位置参与运算。而函数隐藏是函数加密的安全性特性，具体来说就是解密密钥不会泄漏关于底层执行的函数的信息，例如，对基于身份加密来说，其中的函数隐藏特性主要是保证解密密钥不会泄漏身份信息。

文献［8-10］都解决了多客户端函数加密的构造。在文献［8］中，Abdalla 等主要关注如何使用单输入的函数加密体制来构造支持多客户端的内积计算的函数加密体制。顾名思义，函数加密中，单输入是与多输入相对的概念，其中单输入的函数加密只接收并计算一个输入密文。文献［8］主要针对前人的工作中需要双线性群参与运算，导致运算效率低、加密算法生成密文长度较长，以及基于离散对数问题的方案中输入数据长度受限等缺点展开研究。Abdalla 等使用支持两步加密与线性加密特性的单输入函数加密体制作为方案基础，并利用了 DDH、Paillier 与 LWE 这三个安全性假设，给出了支持多客户端的执行内积运算的函数加密体制的通用构造方法。最终针对内积计算，实现了第一个在标准模型下基于比离散对数问题更通用的安全性假设的带标签的多客户端函数加密方案。与此同时，文献［8］还给出了其通用构造方案的去中心化版本，即解密密钥不依赖于中心化的密钥生成中心生成，而是由加密者们合作生成。

文献［9］主要关注的是利用整数输入来计算线性函数的多客户端函数加密。针对以往的大部分方案都是在随机预言机模型下可证明安全，并且少数标准模型下安全的方案也依赖于不可区分性混淆问题。Libert 等基于 LWE 安全性假设构造了第一个标准模型下不依赖于不可区分性混淆的带标签的多客户端线性函数加密体制。除了安全性问题外，文献［9］所构造方案生成的密文也比前人的方案更短。

文献［10］主要关注的是支持多用户的紧归约的内积函数加密体制。安全性证明的过程中，紧归约的密码方案要求实现常数级的安全性退化。在实际应用中，紧归约的意义在于准确评估密码方案的实际安全性，从而为方案选择合适的安全参数。在安全性证明中，根据攻击者所要分辨的密文数量分为单挑战与多挑战。在单挑战的安全性中，攻击者要在两个单独的挑战密文中分辨；在多挑战中，攻击者需要在两组密文集合中进行分辨。与单挑战相比，多挑战容易造成更多的安全性退化。对于函数加密来说，函数保密性也是一个重要的性质。函数保密性的含义是解密密钥不泄漏底层函数的信息，显然这一点在基于云的外包计算中具有重要意义。Tomida 根据矩阵判定性 Diffie-Hellman 假设，构造了第一个支持多用户多挑战的紧归约内积函数加密方案。同时，Tomida 还给出了一个利用函数保密的单输入内积函数加密，构造函数保密的多输入内积函数加密的通用方案。该方案同时还能移除函数保密的攻击游戏中对攻击者能力的限制，实现了更强的函数保密性。

文献［11］关注的是函数加密的一个子类，即谓词加密。谓词加密是指：将私钥与谋谓词绑定，并且在加密数据时输入该数据的某个属性；当且仅当密文加密时的属性满足接收者的密钥所绑定的谓词时，接收者可以进行解密。密钥策略的基于属性加密方案是一个典型的谓词加密例子。文献［11］主要关注的是隐藏向量加密（Hidden Vector Encryption，HVE）方案的函数保密特性。HVE 是一种谓词加密，用于对密文数据执行相等性测试请求、比较请求与子集检索请求等，其谓词由一个向量指定。先前的 HVE 加密体制不支持函数保密特性。为解决这个问题，文献［11］首先通过程序混淆体制来构造谓词加密体制的解密密钥，以实现函数保密，在此基础上进一步实现数据保密的谓词加密体制。同时，文献［11］构造的安全性证明中，可以移除对攻击者能力的限制，实现更强的函数保密特性。

在密码学中，以低安全性和弱性能的密码方案为基础，构造高安全性与强性能的密码方案一直都是一个重要的问题。对于函数加密，主要的衡量标准有三个：（1）是否允许生成多个解密密钥；（2）是否适应性安全；（3）加密算法的运行时间与相对应函数大小之间的关系。允许生成多个解密密钥的函数加密体制是抗合谋的，否则就是单密钥的。在安全性证明中，允许攻击者在完成相关的请求阶段后再发布攻击消息的函数加密体制是适应性安全的，反之就是弱选择性安全的。如果一个函数加密体制的加密算法运算时间与函数描述的大小成亚线性关系，那么它就是亚线性简洁的，而如果是对数多项式关系，那它就是简洁的。目前，在如何由弱选择性安全、单密钥与亚线性简洁的函数加密体制构造适应性安全、抗合谋与简洁的函数加密体制问题上，最优的解决方案需要一个额外的代数假设，并且其加密生成的密文长度取决于运行的电路的输出长度，不够完美。为解决这个问题，文献［12］设计了两种不同的通用构造方式。该通用构造不依赖任何特定的安全性假设，也不基于不可区分性混淆，同时仅有多项式级别的安全性退化。

在密码学中，不可延展性是一种重要的性质，它可以阻止中间人攻击，使得中间人无法利用从一个参与方处得到的信息，对另一个参与方形成任何优势。其中，承诺体制是一种核心的不可延展密码工具，也是许多密码协议的构造基础，常用于构造随机抛币、安全拍卖、电子投票与通用多方计算协议等。因为承诺协议是一种底层协议，它的通信轮数对上层协议的性能影响很大。因此，承诺协议的非交互性十分重要。一个非交互式的承诺协议会包含一个承诺算法，其输入是消息 m 和随机数 r，记为 $com(m; r)$。它的安全性要求有两点：（1）对于消息 $m' \neq m$，以及任意的随机数 r' 和 r，$com(m; r) \neq com(m'; r')$；（2）对长度相同的任意两个消息 $m' \neq m$，$com(m; r)$ 与 $com(m'; r)$ 计算不可区分。而非交互式不可延展的承诺协议要求，一个中间人攻击者无法根据 $com(m; r)$ 的信息，在有效时间内生成一个新的承诺 $com(m'; r)$，其中 m' 与 m 是有关联的。文献［13］指出，目前仅有的两个非交互式不可延展的承诺协议分别是基于一种已被证明不安全的假设和一种新的未被证明安全的，计算开销为亚指数级的不可加速函数。为解决上述问题，文献［13］提出了第一个在传统安全性假设下可证明安全的非交互式不可延展承诺协议。该协议利用任意具有亚指数级安全的 2-标签比特承诺协议构造了不可延展的多标签承诺协议，并且要求 2-标签比特承诺协议中任意一个标签被攻击者破解了，都不会影响另一个标签。为了实现这一点，文献［13］利用了后量子安全的密码方案，即一个标签是用后量子安全的方法来进行承诺加密的，另一个标签是用经典密码进行承诺加密的。同时，为了扩展承诺协议所支持的标签的数量，文献［13］还利用非交互式证据不可区分证明体制，实现了标签数量的增加。

文献［14］提出了一个新的概念，即密码感知。它描绘了如下场景：在一个全黑的场景中，设计一个手电筒和与之匹配的眼镜去观察一个物体。在手电筒的物理实现中嵌入一个隐藏的秘密，使得只有在匹配的眼镜中才能观测到有价值的信息。反之，在不知道这个秘密的情况下，理解指向和从物体反射的光信号在计算上是不可行的。密码感知算法是类似于上述手电筒的随机度量算法，它可以提供类似安全多方计算的安全保证，存在许多潜在应用场景，如民意调查、训练深度神经网络等。文献［14］形式化地定义了密码感知算法 Sen 及其单向安全性和熵安全性，设计了相应的实例化方案。最后，文献［14］指出了一些未来的研究方向，包括：探索适用于密码感知算法的自然因素（natural classes）；研究密码感知算法在实用机器学习算法环境中的应用；探索可以用来处理物理测量中出现的额外泄露的算法。密码感知算法的思想应用于现实世界的感知和学习问题，还需要进一步定量和定性的改进。密码感知问题可以帮助激发丰富的理论问题，探索密码学和计算学习理论之间的新型交互。

大多数密码算法建立在未经证实的假设之上，这些假设目前虽然可信，但是可能会失效。例如，在 $NP = P$ 或者在 Pessiland 场景中，当前的密码假设都将被打破。在 Pessiland 场景下是否存在有效的密码算法是一个引人注目的问题。一种自然的解决方法是将密码假设建立在细粒度复杂性假设之上，Ball 等（STOC 2017）从普遍存在的困难假设（如正交向量（OV）猜想）进行尝试。他们假设 OV 和其他问题在最坏情况下都是困难的，从而得到了平均困难的问题。基于这个困难问题，Ball 等实现了工作量证明，并且希望进一步去构造一个细粒度的单向函数。他们证明了这样的构造会违背非确定性强指数时间假设（NSETH，来源于 ITCS 2016），因此需要寻找其他细粒度的平均情况下的困难问题。

针对上述问题，文献［15］的主要目标是为细粒度平均情况的假设确定所需要的属性，使其能够支持加密原语，如细粒度公钥密码算法。文献［15］的主要贡献是定义了构造细粒度密钥交换相关的三个相对较弱的结构特性，即可培育性（plantable）、平均情况列困难性（average case list-hard）和可拆分性（spilttable）。如果一个可计算问题满足上述三个性质，那么基于该问题构造的密钥交换具有可证明的细粒度安全保证。文献［15］提供了一个自然、合理和满足前述三条性质的平均情况假设。该假设与细粒度复杂性的关键问题"Zero-k-Clique"相关。即使在这类更弱的假设下，文献[15]也成功构造出细粒度的单向函数和核心比特位（hardcore bits）。以前的工作为了获得一个满足 $O(n)$ 时间内可计算且安全抵抗 $O(n^2)$ 攻击者的密钥交换，必须假设随机预言机或者存在强大的单向函数。相比之下，文献[15]在诚实方和攻击方之间具有同样计算差距的情况下，基于更弱的假设实现了密钥交换。

本节作者：徐鹏、王蔚、陈天阳、郑宇博（华中科技大学）

参考文献

[1] Lucas Kowalczyk, Hoeteck Wee. Compact Adaptively Secure ABE for NC1 from k-Lin. EUROCRYPT (1) 2019：3-33.

[2] Nuttapong Attrapadung. Unbounded Dynamic Predicate Compositions in Attribute-Based Encryption. EUROCRYPT (1) 2019：34-67.

[3] Michael Klooß, Anja Lehmann, Andy Rupp. (R) CCA Secure Updatable Encryption with Integrity Protection. EUROCRYPT (1) 2019：68-99.

[4] Venkata Koppula, Brent Waters. Realizing Chosen Ciphertext Security Generically in Attribute-Based Encryption and Predicate Encryption. CRYPTO (2) 2019：671-700.

[5] Giuseppe Ateniese, Danilo Francati, David Nuñez, Daniele Venturi. Match Me if You Can：Matchmaking Encryption and Its Applications. CRYPTO (2) 2019：701-731.

[6] Junqing Gong, Brent Waters, Hoeteck Wee. ABE for DFA from k-Lin. CRYPTO (2) 2019：732-764.

[7] Shweta Agrawal, Monosij Maitra, Shota Yamada. Attribute Based Encryption (and more) for Nondeterministic Finite Automata from LWE. CRYPTO (2) 2019：765-797.

[8] Michel Abdalla, Fabrice Benhamouda, Romain Gay. From Single-Input to Multi-client Inner-Product Functional Encryption. ASIACRYPT (3) 2019：552-582.

[9] Benoît Libert, Radu Titiu. Multi-Client Functional Encryption for Linear Functions in the Standard Model from LWE. ASIACRYPT (3) 2019：520-551.

[10] Junichi Tomida. Tightly Secure Inner Product Functional Encryption. Multi-input

and Function-Hiding Constructions. ASIACRYPT (3) 2019: 459-488.

［11］James Bartusek, Brent Carmer, Abhishek Jain, Zhengzhong Jin, Tancrède Lepoint, Fermi Ma, Tal Malkin, Alex J. Malozemoff, Mariana Raykova. Public-Key Function-Private Hidden Vector Encryption (and More). ASIACRYPT (3) 2019: 489-519.

［12］Fuyuki Kitagawa, Ryo Nishimaki, Keisuke Tanaka, Takashi Yamakawa. Adaptively Secure and Succinct Functional Encryption. Improving Security and Efficiency, Simultaneously. CRYPTO (3) 2019: 521-551.

［13］Yael Tauman Kalai, Dakshita Khurana. Non-interactive Non-malleability from Quantum Supremacy. CRYPTO (3) 2019: 552-582.

［14］Yuval Ishai, Eyal Kushilevitz, Rafail Ostrovsky, Amit Sahai. Cryptographic Sensing. CRYPTO (3) 2019: 583-604.

［15］Rio LaVigne, Andrea Lincoln, Virginia Vassilevska Williams. Public-Key Cryptography in the Fine-Grained Setting. CRYPTO (3) 2019: 605-635.

4 广播加密/密钥协商

密钥交换协议目前已作为大多数安全通信的基础构件，而具体参数值的选择直接影响密钥交换协议的实施，比如群元素和密钥的 size。一种有效的方法是根据具体安全性类型的简化对象（reductionist arguments）来选择。这些对象把协议的安全参数 n 和困难问题的安全参数 $f(n)$ 关联在一起，使得攻破具有安全参数 n 的协议等同于攻破具有安全参数 $f(n)$ 的困难问题。如果选择的 n 可以使得 $f(n)$ 对应的问题难解，那么称协议是理论安全的。大部分现有密钥交换协议的参数选择都不是以理论安全的形式进行选择的，即 $f(n)$ 对应的问题是容易的。通过选择更大参数使协议达到理论安全的方法会导致极低的系统效率，并不实用。虽然已有部分工作实现了紧规约，但在实践中并没有以高效理论安全形式实施。文献［1］提出三个具有理论安全参数且高效实用的隐式认证 DH 协议，比签名式 DH 协议有更高的安全性且具有不可否认性。针对提出的三个方案提出一种新的安全规约方法，并在随机预言机模型下证明了方案的安全丢失（security loss）与用户数量 u 呈线性关系，与每个用户的会话次数 k 无关，这是目前最好的结果。此外，作者还证明对于提出的协议，$O(u)$ 的安全丢失是最优的，至少在（simple reduction）模型下成立。最后通过增加密钥确认消息（key confirmation messages）对提出方案进行拓展提供明确实体认证。

现有理论安全方式密钥交换协议要么具有完全紧规约，但效率低下；要么效率高，但不是紧规约的。文献 [1] 在这两者之间找到了一个平衡点，在不牺牲效率的情况下，把安全丢失降到最低，即从 $O(uk)$ 降到 $O(u)$。

文献 [2] 研究的重点是口令认证密钥交换（PAKE）协议。该协议允许两个参与者通过共享的口令建立共享密钥，从而消除离线攻击。在非对称口令认证密钥交换（aPAKE）协议中，服务器并不是直接保存口令，而是保存口令的哈希值，并允许攻击者只能通过离线字典攻击从被攻破的服务器中获取口令。也就是说，攻击者可以提前建立所有口令哈希值的字典从而快速得到正确的口令。为了解决这个问题，Jerecki 等在 2018 年欧密会上提出通用可组合的强 aPAKE（UC saPKAE）协议。口令里嵌入了一个随机数，敌手只有获得随机数和随机单向函数后才能发起字典攻击。文献 [2] 的主要贡献在于构造了第一个只有两轮的高效 UC saPKAE 协议。协议的计算开销和 2018 年欧密会工作是可比的，但是只有两轮且基于不同的困难假设。在该协议中只有客户可以提交口令，服务器只能执行 SPHF。在标准 UC PAKE 协议中则需要双方对等的使用 Encryption+SPHF。为了实现该目标，作者引入了两个新概念：Implicity-Statement 条件密钥封装机制（CKEM）和随机紧的单向函数（STOWF），并给出了 Implicity-Statement CKEM 的具体实例。针对 STOWF，文献 [2] 给出了具体的形式化，并证明 Boneh-Boyen 函数在一般群模型和随机预言机模型下是 UC 安全的 STOWF。

广播加密允许发送者加密一个消息给多个不同的用户，使得只有加密时指定的用户才能解密获取数据内容。如果部分接收者合谋生成一个能解密密文的解密器，具有叛徒追踪（traitor-tracing）性质的广播加密方案可以追踪至少其中一个参与生成解密器的用户。目前最优的广播加密方案是 Boneh 等在 2005 年美密会上提出的方案，方案的构造基于双线性对且固定长度的密文；最优的叛徒追踪方案是基于 LWE 设计的，由 Goyal 等在 2018 年 STOC 上提出，密文大小以多项式 $\log_2(N)$ 增长，其中 N 是系统的用户数量。文献 [3] 探索双线性对和 LWE 技术的结合是否能得到更好的结果。在标准假设下，现有最优的具有叛徒追踪性质的广播加密方案的密文大小是 $O(N^{1/2})$。据此，文献［3］通过结合双线性对技术和 LEW 技术，构造了一个具有 $O(N^e)$ 密文大小的广播追踪方案（broadcast and trace scheme），其中 e 是任意大于零的小常数。方案的构造主要使用 NC^1 电路中基于双线性对的具有简洁密文（succinct ciphertexts）的 ABE。为了实现更短的密文，方案牺牲了密钥长度和解密时间。

本节作者： 赖建昌（福建师范大学）

参考文献

［1］ Katriel Cohn－Gordon，Cas Cremers，Kristian Gjøsteen，Håkon Jacobsen，Tibor Jager. Highly Efficient Key Exchange Protocols with Optimal Tightness. CRYPTO（3）2019：767-797.

［2］ Tatiana Bradley，Stanislaw Jarecki，Jiayu Xu. Strong Asymmetric PAKE Based on Trapdoor CKEM. CRYPTO（3）2019：798-825.

［3］ Rishab Goyal，Willy Quach，Brent Waters，Daniel Wichs. Broadcast and Trace with Nε Ciphertext Size from Standard Assumptions. CRYPTO（3）2019：826-855.

5　数学密码分析

公钥密码的安全性是基于数学困难问题的计算复杂程度的。也就是说，核心数学困难问题的计算复杂性直接影响着相关公钥密码方案的安全性。例如，RSA 公钥密码是基于大整数分解问题的困难性。文献［1］研究了由 Boneh，Halevi 和 Howgrave－Graham 于 2001 年提出的数学困难问题——模逆隐藏数问题（modular inversion hidden number problem）。Boneh 等对模逆隐藏数问题进行了深入的分析，并给出如下猜想：当隐藏数中已知的（高位）比特数占整体比特数的比例小于 1/3 时，模逆隐藏数问题是困难的。许军等重访 Coppersmith 方法给出求解模逆隐藏数问题的新算法，获得的结果如下：对于任意给定的正整数 d，当已知的高位比特数占整体的比特数的比例为 $1/(d + 1)$ 时，模逆隐藏数问题能在多项式时间内被启发式解决。当 $d > 2$ 时，$1/(d + 1) < 1/3$。这意味着 Boneh 等提出的猜想被打破。这是近 20 年来第一次改进

模逆隐藏数问题的界。此外，随着参数 d 的增大，$1/(d+1)$ 趋向于 0。因此，从渐进意义上来说，模逆隐藏数问题在多项式时间内被破解。该算法能获得很大改进的原因在于：选取的有帮助多项式（helpful polynomials）数目在整体的多项式数目中占主导地位。值得注意的是，Coppersmith 方法能被优化的核心因素就是要尽可能多的添加有帮助的多项式。此外，上述算法也能用于恢复一种伪随机数生成器——逆同余生成器（inversive congruential generator）的秘密种子，也得到了迄今为止最好的攻击结果。

在分圆数域的理想（简称 Ideal-SVP）中寻找短向量的困难性可以作为许多有效密码系统的最坏情况假设。有一段时间，即使考虑量子算法，也可以假设 Ideal-SVP 问题和一般格的 SVP 问题一样困难。但是在过去的几年里，一系列的工作已经导致了 Ideal-SVP 算法的性能优于一般格上的 SVP 算法。具体地，在量子多项式时间内，人们能找出分圆理想格中的长于最短非零向量长度的 $\alpha = \exp(\widetilde{O}(n^{\frac{1}{2}}))$ 倍的向量。在文献［2］中，Ducas 等探索隐藏在这一渐近声明背后的常数。虽然这些算法具有量子步骤，但影响近似因子 α 的步骤完全是经典的，这使得只能用经典计算来估计它。此外，Ducas 等还针对这些步骤设计了启发式改进，在实践中显著减少了隐藏因素。最后，基于体积参数推导了新的可证有效下界。这项研究允许用经典的格约减算法（lattice reduction algorithm）来预测交叉点，从而确定该量子算法在任何密码分析中的相关性。例如 Ducas 等预测对于秩大于 24000 的分圆环，该量子算法提供的向量比 BKZ-300（大约是 NIST 基于格的候选者中最弱的安全级别）短。

本节作者：许军（中国科学院信息工程研究所）

参考文献

［1］Jun Xu, Santanu Sarkar, Lei Hu, Huaxiong Wang, Yanbin Pan. New Results on Modular Inversion Hidden Number Problem and Inversive Congruential Generator. CRYPTO (1) 2019：297-321.

［2］Léo Ducas, Maxime Plançon, Benjamin Wesolowski. On the Shortness of Vectors to Be Found by the Ideal-SVP Quantum Algorithm. CRYPTO (1) 2019：322-351.

（后）量子密码

1 量子密码/量子安全

盲量子计算结合了量子密码和量子计算的概念，使得量子能力有限甚至没有量子能力的客户端可通过借助量子服务器实现量子计算，并保证其算法和数据的私密性。在现有的可验证委托量子计算协议中，参与方（客户端、量子服务器）之间的交互需要一个可靠的量子通信网络，客户端需要具备一定的量子能力。为设计实用性的可验证委托量子计算，已有方法利用经典的全同态加密方案减少客户端所需的量子通信量，但此类方案中客户端仍需要有一定的量子能力，例如客户端需具备访问量子信道的能力。

为了能够实现消除客户端和服务器之间的量子通信同时实现委托量子计算，Cojocaru 等设计了一个伪秘密随机量子比特生成器（PSRQG）使得经典客户端可以指示某个远程的量子服务器制备一系列随机量子比特。在文献［1］中，Cojocaru 等基于 PSRQG 设计了一种利用 BB84 态（ $\{|0\rangle, |1\rangle, |+\rangle, |-\rangle\}$ ）的 QFactory 协议。客户端利用该协议指示量子服务器执行一些计算操作，量子服务器输出端为 $H^{B_1} X^{B_2} |0\rangle$ ，客户端能够有效的得到 $B = B_1 B_2 \in \{00, 01, 10, 11\}$ ，该协议利用的工具包括一个有特殊性质（如量子安全，抗碰撞等）的单向陷门函数和一个同态/核心谓词，Cojocaru 等给出了如何构造满足这两个特定函数的方法。为了能够使客户端验证服务器计算结果的正确性，Cojocaru 等基于 PSRQF 设计了可验的 QFactory 协议（BB84 态扩展到non-Clifford 态（ $|{+}_\theta\rangle | \theta \in \{0, \pi/4, \cdots, 7\pi/4\}$ ））。

量子计算在各领域的潜在应用正在不断扩大和加深。除了 Shor、Grover 和 Simon 等典型算法之外，是否还存在其他威胁到现代密码体制安全性的量子算法，是密码学家非常关心的问题。在对称密码分析中，根据敌手能力的不同，量子攻击模型主要分为 Q1 模型和 Q2 模型（叠加查询模型）。在 Q1 模型中，一般假设敌手可以进行离线量子计算，但只能进行经典查询。在 Q2 模型中，敌手不仅可以进行离线量子计算，还可以进行量子叠加查询。

从理论威胁角度来看，Q2 模型对许多密码结构形成了严重威胁，如 Simon 算法可以在多项式时间内攻破很多密码结构。但从实际威胁角度来看，Q2 模型对量子器件要求较高，短期之内是不容易实现的。相比之下，Q1 模型对量子器件要求较低，短期之内是容易实现的。所以研究 Q1 模型下的攻击方法具有重要意义。

在文献［2］中，Bonnetain 等首次将 Simon 算法应用于 Q1 模型下，提出了一种攻击 Even-Mansour 结构和 FX 结构的量子算法。相对于当前文献，改进了时间复杂度和样本复杂度之间的制约关系（tradeoff），使其硬件需求与 Grover 搜索算法一样多。具体地，Bonnetain 等利用 $O(2^{\frac{n}{3}})$ 次经典查询和 $O(n^2)$ 个量子比特可以在时间 $\widetilde{O}(2^{\frac{n}{3}})$ 内攻破 Even-Mansour 密码结构；利用 $O(2^{\frac{(m+n)}{3}})$ 次经典查询和 $O(n^2)$ 个量子比特可以在时间 $\widetilde{O}(2^{\frac{(m+n)}{3}})$ 内攻破 FX 密码结构（$m = \log_2 n$）。

另外，针对 Q2 模型文献［1］对 Gregor 等的方案进行了改进，有效降低了算法的样本复杂度。与 Gregor 等将 Simon 算法嵌套在 Grover 搜索迭代中（在线查询与离线计算交替访问）不同的是，Bonnetain 等通过将在线量子查询和离线量子计算完全分开来达到降低样本复杂度的目的。具体地，在时间复杂度 $\widetilde{O}(2^{\frac{m}{2}})$ 不变的情况下可以将样本复杂度从指数级 $O(2^{\frac{m}{2}})$ 降低到多项式级 $O(n)$。

在可验证的量子委托计算协议中，核心的问题在于如何有效验证委托的量子设备确实执行了（不具备足够量子计算能力的）用户所想要执行的计算。针对此问题密码学家们设计了一类协议，使得一个经典验证器能够在多项式时间内验证用户委托给量子服务器所执行的量子计算结果的可靠性。但这类协议所需的计算复杂度很高，目前最优的可验证双服务器委托协议所需的时间复杂度是 $O(g^{2048})$，远远超出了可行性范围（g 为量子服务器的电路深度）。

Broadbent 首次使用一种基于纠缠（利用 EPR 对，纠缠操作可减少量子交互证明系统的轮数）的协议来用于量子计算的验证。用户利用此协议可以验证单量子服务器（即用户只将量子计算委托给了一个量子服务器）的计算结果可靠性，但如果用户需要与两台（或多台）量子服务器进行交互才能实现需要的计算时，Broadbent 提出的协议就不适用。文献［3］研究双量子服务器情形下的可验证委托量子计算。作者证明，验证者可以通过对两个量子服务器共享的 m 个 EPR 对执行 Clifford 测量来完成验证，且该方法的鲁棒性不依赖于 m。在此基础上，作者提出了两个针对双服务器可验证委托计算协议。第一个协议（Leash Protocol）是盲的（即量子服务器不知道用户所做的量子计算是什么），验证者需要和量子服务器交互的轮数与被委托量子服务器的电路深度呈线性关系。第二个协议（Dog-Walker Protocol）不是盲的，但只需要固定数量的交互。上述两个协议所需计算复杂度均为 $O(g \log_2 g)$，相比之前协议减少了所需资源的开销。

哈希函数 $H: \{0, 1\}^m \rightarrow \{0, 1\}^n$ 的一个碰撞定义为，对两个不同的输入值 $x_1 \neq x_2$，使得 $H(x_1) = H(x_2)$。k 重碰撞的哈希函数 H 是将 k 个不同输入都映射到同一个输出值。在量子环境中寻找多重碰撞 $(k \geq 3)$ 的算法很少，只有 Hoysoamada 等提出的三重碰撞寻找算法，其时间复杂度为 $O(2^{\frac{4n}{9}})$。在文献［4］中，Liu 等通过优化 Hoysoamada 提出的三重碰撞寻找算法完全解决了多重碰撞问题，即能找到任意 k 重碰撞。他们还证明对于任意常数 k，$\Theta(N^{\frac{1}{2}(1 - \frac{1}{2^k - 1})})$ 次量子查询就足以找到 k-碰撞，进一步降低了计算复杂度。该复杂度也意味着他们找到了多重碰撞寻找问题复杂度的第一个非平凡下界。

由 Castryck 等提出的 CSIDH 是一个在后量子环境下有效的可交换群作用，这种可交换性使得 CSIDH 可以被用来构造 Diffie-Hellman 密钥交换协议。Castryck 等还利用 CSIDH 构造了一个后量子安全的无交互密钥交换协议。CSIDH 是基于同源密码算法来构造的，可以抵抗量子计算的攻击。对于每一个 $A \in F_p$，定义 E_A 是 F_p 上的蒙哥马利曲线 $y^2 = x^3 + Ax^2 + x$。只要 E_A 满足 $\#E_A(F_p) \equiv 1 \pmod{p}$，就有 E_A 是超奇异的，这里的 $E_A(F_p)$ 是 E_A 在 F_p 上的坐标点组成的群。定义 S_p 是 A 的集合，A 满足曲线 E_A 是超奇异的。对每一个 $A \in S_p$ 及 $i \in \{1, \cdots, n\}$，都存在唯一的一个 $B \in S_p$ 与之对应。即从 E_A 到 E_B 有一个 l_i-同源，$E_A(F_p)[l_i]$ 为它的核。对集合中每一个点 $Q \in E_A(F_p)$ 都有

$l_iQ = 0$，并将这种对应关系定义为 $L_i(A) = B$。

CSIDH 唯一的安全参数是素数 $p = 4l_1 \cdots l_n - 1$，其中 $l_1 < l_2 < \cdots < l_n(n \geq 1)$ ，且每一个 $l_i(1 \leq i \leq n)$ 均是奇素数。而为 CSIDH 选择后量子的安全参数需要对量子攻击成本进行精确的分析。量子攻击成本主要由两个方面组成：隐藏位移算法的查询次数和每一次查询的代价。文献［5］分析了每一次查询的算法代价。对 CSIDH 而言，每一次查询的算法代价是估计叠加的一系列群作用，即计算椭圆曲线叠加的一系列同源 l_i。

Bernstein 等分析并优化这个代价（量子攻击成本）得到以下结论：CSIDH 的群作用可以看作 B 上的非线性位操作，其误差至多为 ε；CSIDH 的群作用的逆操作可以用至多 2B 个 T 门实现，其误差至多为 ε；CSIDH 的群作用的量子计算可以用至多 14B 个 T 门实现，其误差至多为 ε。文献［5］还给出了对于给定 CSIDH 安全参数，如何计算 (B, ε) 对的方法。

在保密信息检索问题中，服务器拥有一个大型数据库 DB，大小为 n；客户持有索引 i，想要在数据库中检索第 i 条信息 DB（i），并且不泄露给数据库方的索引信息 i。针对半诚实的服务器来说，保证隐私 i 的信息论安全性已被证明需要 $O(n)$ 的通信复杂度，即使允许量子通讯也需要同样的通信复杂度。然而在一些较弱的安全性要求下，可以通过更低规模的通信次数来完成查询任务，如 Le Gall 等提出的通信复杂度为 $O(\sqrt{n})$ 的协议和 Kerenidis 等提出的通信复杂度为 $O(\log_2(n))$ 的协议。在文献［6］中，Aharonov 等证明输入纯化是服务器可采用的唯一有效的攻击策略，并提出了一种新的受限隐私概念，称为"固定隐私"，对手被限制在经典数据库上执行协议（即在协议的执行过程中，敌手输入的数据库只能是一个固定的数据库，而非多个数据库的量子表示的叠加态）。Aharonov 等证明了上述两个协议在这种新的隐私概念下是安全的，并证明即使在预先共享纠缠的情况下，也不可能通过低于线性规模的通信在标准的半诚实模型中实现安全的保密信息检索。

量子态的叠加与纠缠对密码算法安全性模型的建立、安全性归约、具体安全性分析带来了巨大的影响。本年度三大密码会议中与量子计算模型相关的论文共有 8 篇，其中有 5 篇是量子随机预言机（QROM）方面的研究成果，另外，包括 1 篇格问题的量子计算复杂性分析[13]，1 篇非延展随机提取器构造[12]和 1 篇海绵结构[14]的量子计算安全性成果。具体研究成果介绍如下：

量子随机预言机模型：随机预言机模型（random oracle model）是密码算法安全性证明的主要模型和工具之一，其核心思想是将散列函数抽象为理想随机的函数，并在此假设下论证密码算法的安全性，然后使用安全的密码学散列函数代替该理想随机函数，从而为密码算法提供安全性保障。由于现实的密码学散列函数并不能达到理想随机性，这一模型并不能做到严格的安全性归约。然而基于该模型设计的密码方案效率较高，得到了广泛的应用，目前几乎所有的工业标准算法都是在随机预言机模型下证明的。在安全性证明过程中，由于假设散列函数是理想随机的，询问随机预言机是唯一得到散列函数输出的方式。安全性证明的仿真者可以记录并查询攻击者的所有询问，这一技术是基于随机预言机模型的安全性证明的核心技术。在量子计算模型下由于攻击者掌握了量子计算工具，可以使用处于叠加态的输入一次性询问定义域内所有的输入，且仿真者受到量子不可克隆性的影响无法读取和记录攻击者的询问。因此，经典随机预言机模型证明安全的方案无法直接推广到量子随机预言机模型下。从 2011 年首次给出量子随机预言机的定义开始，已经出现了多种技术用于绕开或解决量子随机预言机模型下的读取与记录问题。本年度的 5 篇相关论文的具体结论如下。

Fiat-Shamir 变换的安全性证明[7]：Fiat-Shamir 变换是构造数字签名算法的主要框架之一，可以将任意三轮交互式证明协议转换为非交互式的证明系统从而得到数字签名算法。Fiat-Shamir 变换的核心思想是利用随机预言机散列函数的输出提供的随机性代替交互式协议提供的随机性，从而得到随机预言机模型下的数字签名算法。然而，在量子计算模型下，仿真者无法复制攻击者的询问，也无法在不破坏其状态的情况下测量获取其信息。文献［7］基于抽样测量技术在量子随机预言机下获取攻击者询问信息的技术，给出了抽样测量对攻击者成功概率的影响，并基于该技术证明了 Fiat-Shamir 变换在量子随机预言机模型是安全的。

Fiat-Shamir 变换再思考[8]：Fiat-Shamir 变换利用散列函数消除协议中的交互性，可以用于将交互式证明协议转换为数字签名算法。然而，这一技术无法直接推广到量子计算模型下，主要的技术挑战有两个方面，一是量子重绕技术，二是量子适应性编程技术。本文研究了如何解决这些挑战，证明了在某些（容易满足的）条件下 Fiat-Shamir 变换是安全的，从而证明了已有的基于 Fiat-Shamir 变换构造的格数字签名算法在量子计算模型下是安全的。具体而言，文献［8］证明了：若协议是一个知识的论证，则 Fiat-Shamir 变换也是一个知识的论证；若协议是一个身份认证，则 Fiat-Shamir 变换是一个安全的数字签名算法。本文的技术贡献主要是提出了 Collapsing（折叠）和 Separable（分离）的概念定义，构造和证明技术，解决了量子计算环境下的重绕问题和适应性编程问题。

半经典预言机技术[9]：重编程（reprogramming）是随机预言机模型的主要证明技术之一，用于在证明的过程中将某个输入点的输出进行重随机化。在经典随机预言机模型只要保证攻击者询问编程点输入的概率可忽略就可以保证证明的合理性。然而，在量子随机预言机模型下，攻击者可以询问叠加态的输入，即攻击者可以在询问中询问整个定义域内所有的值，因此重编程技术的合理性并无法直接推广到量子随机预言机模型。2015 年，Unruh 提出的 O2H（one-way to hiding）技术解决了量子随机预言机模型下重编程问题。其核心思想是论证攻击者区分原始预言机和重编程预言机的概率可忽略。文献［9］提出了半经典预言机证明技术，在多个方面改进了原始的 O2H 技术，主要包括处理非均匀的随机预言机，多点重编程，联合分布重编程，更加紧致的概率边界，询问深度和询问次数分别处理等。改进过后的 O2H 技术在许多方案的证明中可以得到更紧致的边界。

带辅助输入的量子随机预言机模型[10]：经典的随机预言机模型并没有考虑量子计算攻击问题，也没有考虑攻击者通过预计算或其他侧信道途径获得辅助信息的情况。为了完善这一模型，密码学家们提出了量子计算环境下的随机预言机模型（QROM）和带辅助输入的随机预言机模型（ROM-AI）。文献［10］首次将量子计算威胁和辅助输入问题同时考虑，研究了量子计算环境下带辅助输入的随机预言机模型，具体分为经典辅助信息（QROM-AI）和量子辅助信息（QROM-QAI）两个情况进行讨论。文献［10］给出了单向函数、伪随机数发生器、伪随机函数、消息认证码等密码学基础原语在量子计算辅助输入模型下的安全边界。

基于纠缠态的量子询问记录技术[11]：量子随机预言机模型已经成为证明后量子密码算法安全性的主要模型。然而，受到量子系统不可克隆原理的约束，量子随机预言机模型无法记录攻击者对随机预言机的询问，即无法读取攻击者的询问信息。该问题使得量子随机预言机无法使用经典随机预言机的查表模拟和重编程技术，从而给密码方案的证明带来技术障碍。目前，解决这一技术障碍的思路主要是构造新的模拟技术和重编程技术，这些技术绕过了上述挑战，并未从根本上解决该挑战。文献［11］提出了一种新的思想来记录攻击者的询问信息，其核心原理是利用量子纠缠的对称性，即量子随机预言机的询问使得攻击者的输入和量子随机预言机处于纠缠状态。如果攻击者可以从纠缠状态获得信息，那么仿真者也可以获得攻击者的输入信息。具体而言，文献［11］提出了压缩预言机用于模拟随机预言机，可以获取攻击者询问的部分信息而不被攻击者检测发现。基于这一技术，本文证明了 Merkle-Damgard 关于散列函数的域扩张以及 FO99 转化技术在量子计算攻击模型的安全性。

量子计算模型下的不可延展随机提取器技术[12]：隐私放大是一个应用广泛的密码学基础技术，主要用于双方基于已有的共享信息生成均匀分布的共享密钥信息。在认证信道中，隐私放大可以基于随机提取器实现，且只需要一次交互，即其中一个用户均匀随机选择随机提取器的种子发给另外一方，然后双方基于已有共享信息和随机种子使用随机提取器生成共享的密钥。如果随机提取器是量子计算安全的，则隐私放大协议也可以到达量子计算安全性。在非认证信道中，隐私放大技术可以基于不可延展的提取器实现。然而，设计量子计算安全的不可延展提取器目前是一个公开问题（之前的两个构造存在证明错误）。本文提出了首个量子计算安全的不可延展提取器，其构造技术基于 2012 年 FOCS 会议上 Li 的论文。结合之前基于不可延展提取器构造隐私放大协议的框架，可以得到首个量子计算安全的隐私放大协议。

最短向量问题的量子计算复杂性分析[13]：最短向量问题是格密码的基础困难问题之一，目前解决最短向量问题算法主要包括筛法和枚举。其中筛法需要指数级的计算量和存储空间，枚举需要指数级的计算时间和多项式级的存储空间。因此，降低筛法的空间复杂度具有重要的理论和现实意义。本文研究了量子筛法的时间复杂性和空间复杂性的转换问题，主要基于的工具是 k 次筛法。文献［13］的主要贡献包括两个 k 次筛法，其中一个具备 $2^{(0.2989d+O(d))}$ 时间复杂度和 $2^{(0.1395d+O(d))}$ 空间复杂度，另一个算法具备 $2^{(0.1037d+O(d))}$ 时间复杂度和 $2^{(0.2075d+O(d))}$ 量子存储空间复杂度。

海绵结构的量子计算安全性[14]：由于 Shor 算法可以在求解因子分解和离散对数问题时实现指数级加速，目前后量子密码领域主要关注公钥密码算法。然而，对称密码算法并不是天然对量子攻击免疫，例如 CBC-MAC 和 Even-Mansour 分组密码存在类似

Shor 算法的指数级加速攻击算法。因此，研究对称密码体制的量子计算安全性具有重要的理论和实际意义。文献［14］研究了海绵（sponge）结构在量子计算安全对称密码算法设计方面的应用，证明了在内部函数是随机函数或者随机置换的情况下，海绵结构在量子计算模型中与随机函数是不可区分的。安全性模型中允许攻击者访问叠加态的输入和输出，以及叠加态的密钥空间，但是不允许攻击者访问内部函数状态。该结论说明了，针对 CBC-MAC 的量子计算攻击可通过加入内部随机模块解决。

本节作者：高飞、李志单、孙洪伟、董经、张雪、江嫽靓、刘力（北京邮电大学），路献辉（中国科学院信息工程研究所）

参考文献

［1］ Alexandru Cojocaru, Léo Colisson, Elham Kashefi, Petros Wallden. QFactory：Classically-Instructed Remote Secret Qubits Preparation. ASIACRYPT（1）2019：615-645.

［2］ Xavier Bonnetain, Akinori Hosoyamada, María Naya-Plasencia, Yu Sasaki, André Schrottenloher. Quantum Attacks Without Superposition Queries：The Offline Simon's Algorithm. ASIACRYPT（1）2019：552-583.

［3］ Andrea Coladangelo, Alex Bredariol Grilo, Stacey Jeffery, Thomas Vidick. Verifier-on-a-Leash：New Schemes for Verifiable Delegated Quantum Computation, with Quasilinear Resources. EUROCRYPT（3）2019：247-277.

［4］ Qipeng Liu, Mark Zhandry. On Finding Quantum Multi-collisions. EUROCRYPT（3）2019：189-218.

［5］ Daniel J. Bernstein, Tanja Lange, Chloe Martindale, Lorenz Panny. Quantum Circuits for the CSIDH：Optimizing Quantum Evaluation of Isogenies. EUROCRYPT（2）2019：409-441.

［6］ Dorit Aharonov, Zvika Brakerski, Kai-Min Chung, Ayal Green, Ching-Yi Lai, Or Sattath. On Quantum Advantage in Information Theoretic Single-Server PIR. EUROCRYPT（3）2019：219-246.

［7］ Jelle Don, Serge Fehr, Christian Majenz, Christian Schaffner. Security of the Fiat-

Shamir Transformation in the Quantum Random-Oracle Model. CRYPTO（2）2019：356-383.

［8］Qipeng Liu，Mark Zhandry. Revisiting Post-quantum Fiat-Shamir. CRYPTO（2）2019：326-355.

［9］Andris Ambainis，Mike Hamburg，Dominique Unruh. Quantum Security Proofs Using Semi-classical Oracles. CRYPTO（2）2019：269-295.

［10］Minki Hhan，Keita Xagawa，Takashi Yamakawa. Quantum Random Oracle Model with Auxiliary Input. ASIACRYPT（1）2019：584-614.

［11］Mark Zhandry. How to Record Quantum Queries，and Applications to Quantum Indifferentiability. CRYPTO（2）2019：239-268.

［12］Divesh Aggarwal，Kai-Min Chung，Han-Hsuan Lin，Thomas Vidick. A Quantum-Proof Non-malleable Extractor-With Application to Privacy Amplification Against Active Quantum Adversaries. EUROCRYPT（2）2019：442-469.

［13］Elena Kirshanova，Erik Mårtensson，Eamonn W. Postlethwaite，Subhayan Roy Moulik. Quantum Algorithms for the Approximate k-List Problem and Their Application to Lattice Sieving. ASIACRYPT（1）2019：521-551.

［14］Jan Czajkowski，Andreas Hülsing，Christian Schaffner. Quantum Indistinguishability of Random Sponges. CRYPTO（2）2019：296-325.

2　格密码

由于具备抗量子计算攻击、最坏情况安全性归约保障、功能强大和计算简单易平行等特色，格密码已经成为密码学领域研究的热点之一。本年度三大密码学会议上格密码方面的文章共有 14 篇，其中包括 4 篇基于格的零知识证明系统设计，3 篇格上基本困难假设安全性研究，3 篇格上基础困难问题计算复杂性分析，2 篇格基础工具和密码学原语构造，2 篇格上密码方案安全性分析。

基于格 NIZK 构造[1]：自 Blum 等 1988 年提出非交互式零知识证明（NIZK）以来，NIZK 在密码学领域获得了广泛应用，比如选择密文安全的加密方案、数字签名以及最近的数字货币/区块链隐私保护。目前，基于各类数学结构有一批通用 NIZK 构造方案，例如基于二次剩余、双线性对等。如何基于格构造通用 NIZK 是长期的公开问题。近两年，在该方向已经有比较大的进展，例如 Canetti 的研究团队重新研究 Fiat-Shamir 转换，并通过构造 correlation-intractable 散列函数达到基于格设计 NIZK 的目的。但是其底层假设不是标准的格困难问题。Peikert 和 Shiehian[1] 解决了上述公开问题，给出了基于格上标准 LWE 问题的标准通用 NIZK 的构造方法。具体来讲，作者借鉴 Canetti 等的方法，基于标准 LWE 问题针对一般的（多项式界定的）电路，构造 correlation-intractable 散列函数。作者给出的 NIZK 可以达到计算的可靠性（sound）和统计的零知识，该构造在公共随机串和公共参考串模型下都是可行和安全的。

基于格的零知识证明[2]：基于离散对数的零知识证明协议（ZKP）中具有一些自然的好性质，例如，在单协议中可以达到可忽略的可靠性错误（soundness error），支持高阶非线性关系的知识抽取。但是在现有的基于格的 ZKP 中缺少该属性。这些性质在基于格的构造中遇到诸多技术挑战。针对该问题，Esgin 等[2] 给出一个基于格的 ZKP，其在单协议中同时具有可忽略的可靠性错误和支持高阶非线性关系的知识抽取的属性。作者同时分别使用中国剩余定理和 NTT 方法给出了两种优化的协议。使用该 ZKP，他们还给出了高效的环签名（ring signature）。和现有的环签名相比，该环签名在签名长度和计算效率上都具有显著的优势。

基于格的实用零知识证明系统[3,4]：尽管经过多年的研究，如何构造基于格的实用零知识证明系统仍面临着许多公开问题。其中一个公开问题是如何基于格上假设，构造可以同时达到标准可靠性和较低可靠性错误的高效零知识证明系统。该问题来自于在构造基于格的实用零知识证明系统时所需证明关系的特殊性。具体来说，在对格上的关系进行证明的时候，通常需要证明证据向量具有比较小的范数。为了完成这个任务，之前的工作或者对证据向量进行比特分解，并使用组合的方式来证明分解后的向量为 01 串；或在协议中由验证者检查某些向量的范数，（间接）限制证据向量的范数。前者虽然可以精确的证明原关系成立，却具有比较高（通常为 2/3）的可靠性错误；后者无法对向量的范数进行精确的限制，也就是说，协议无法精准的保证原关系成立。杨如鹏等[3] 和 Bootle 等[4] 分别独立解决了这个问题。二者均采用了一种新的方法来证明向量的范数小于某个值。具体来说，为了证明证据向量的范数有限，证明者首先将证据向量做比特分解；然后为了证明分解之后的向量为 01 串，证明者证明分解后向量

的每个元素 a_i 都有 $a_i = a_i \cdot a_i$，这可以通过对分解后的向量做承诺并证明承诺上的线性关系完成。由于使用比特分解的方式来限制向量的范数，协议可以精确的证明原关系成立；同时，由于在证明中使用了一些代数的方法进行证明，可以将可靠性错误降低到 $1/poly$，其中 $poly$ 为多项式。基于这样一个基本的出发点，文献［4］重点考虑了如何通过使用理想格和一些技术（如 NTT）来提高协议的具体效率。文献［3］则在标准格上构造协议，并关注于如何扩展协议所能证明的对象以及提高协议的通用性。

MP-LWE 问题[5]：为应对量子计算机的威胁，基于格上困难问题设计密码算法受到越来越广泛的关注。LWE 问题因其困难性可归约到格上问题的最坏困难性而备受青睐。但在基于 LWE 问题设计密码算法时，有两个影响效率的重要因素：一是高斯采样耗时较多，且有一定安全隐患。针对这个方面，研究者们提出了确定性的 LWR（learning with rounding）问题，其困难性可直接归约到 LWE 问题；二是 LWE 的公开部分为矩阵，需要的存储空间比较大。针对这个方面，研究者们提出了环/多项式 LWE 问题，但环/多项式 LWE 问题的安全性依赖所选的具体多项式。随后又提出了 MP-LWE（middle product LWE）问题，其安全性依赖满足一定条件的多项式集合而非某个具体多项式，综合了 LWE 的安全性和环 LWE 的尺寸小两个优势。综合上述两个因素，研究者们提出了环/多项式 LWR 问题，但其判定版本目前不存在归约，目前 NIST 候选算法 SABER 和 Round5 都是基于环 LWR 构造的。陈隆等在 2018 亚密会上提出了环计算 LWR 假设（R-CLWR），给出了环 LWE 假设到 R-CLWR 假设的归约，并在随机预言模型下基于 R-CLWR 假设构造了 IND-CPA 安全的公钥加密方案。文献［5］提出了确定+计算版本的 MP-LWE 假设：MP-CLWR 假设，给出了 MP-LWE 假设到 MP-CLWR 假设的归约。并在随机预言模型下基于 MP-CLWR 假设构造了 IND-CPA 安全的公钥加密方案，针对已知的攻击分析了方案的具体安全性。作为公开问题，作者指出，模数是多项式时，若能找到环 LWE（MP-LWE）假设到判定版本的环 LWR（MP-LWR）假设之间的归约，则有助于构造标准模型下安全的方案。

Order-LWE 问题[6]：Order-LWE（order learning with errors）问题是 RLWE（ring-LWE）问题的一般化，可以更灵活地选择环。平均情况困难性可以由最坏情况下满秩子环的可逆理想格上的短向量问题的困难性保证。文献［6］主要使用 Order-LWE 问题探索高熵秘密的 RLWE 变体问题的困难性，当秘密从抽样空间的满秩子环均匀选取时，RLWE 问题仍是困难的。但当秘密从抽样空间的理想或陪集选取时，RLWE 问题中的噪音多少将影响困难性。因此，仅具有高熵的秘密无法保证 RLWE 的困难性。文献 [6] 进一步证明了当秘密选自特殊的 k 元相互独立分布时，即该分布最小熵至少为 $k\log_2 q$，并且该最小熵平均分布在所有 k 元中国剩余定理坐标中，RLWE 问题仍是困难的。

随机模格困难性研究[7]：在使用环多项式 $R_q = Z_q[x] / (x^n + 1)$ 构造密码方案时，当选取的 q 使得 $x^n + 1$ 能完全分解时，可以使用 NTT 加速运算；但在方案以往的安全性证明中，需假设范数小的多项式可逆。Lyubashevsky 等在 2018 欧密会中证明了当 n 为 2 的次幂，且 q 满足某种条件时，安全性要求满足，但此时不能完全分解，从而不能使用 NTT 加速。文献 [7] 提供了一个新的证明，无需上述多项式可逆条件即可证明安全性，从而解除了对 q 的限制，能够使用 NTT 加速。具体来说，文献 [7] 分析了小多项式的中国剩余表示（Chinese remainder representation）的零因子，在对素模数不做假设的条件下，给出了随机模格中短向量存在性的概率上界。文中结果结合 Lyubashevsky 等的结论，可应用到基于格的 Fiat-Shamir 签名中，如 Bai-Galbraith 签名，NIST 第二轮候选算法中的 Dilithium-QROM，qTESLA 等，可同时满足量子随机谕言下的紧归约安全性和支持 NTT 算法（要求大的模数 q 和公钥维度，从而公钥和签名尺寸变大）。

针对模格的 LLL 算法[8]：模格（module lattice）是目前设计实用化格密码算法使用的最主要的代数结构，相对于普通格，基于模格的密码算法尺寸更小，运算速度更快。美国 NIST 后量子密码算法征集第二轮候选算法中包含 12 个格密码算法，其中 11 个算法基于模格设计。然而目前并没有针对模格代数结构的计算复杂性分析算法，已有的困难性分析将模格作为普通的格，使用通用的 LLL 算法或者其变形 BKZ 算法来评估具体计算复杂性，并没有利用模格的代数结构。文献 [8] 提出了针对模格的 LLL 算法，主要包括两个相对独立的部分，第一个子算法基于 2 维的模格求解 n 维模格的短向量，第二个子算法基于 CVP 算法求解二维模格的短向量。

理想格中的近似最短向量问题计算复杂性分析[9]：RLWE 问题及其变形是目前格密码领域应用最为广泛的困难假设之一，相对于通用的 LWE 问题，密码算法的密钥和密文尺寸从平方级改进到线性级别，计算速度也由于 FFT 和 NTT 的使用而得到极大提升。然而，从困难性的角度而言，LWE 基于随机格的近似最短向量问题，而 RLWE 问题则基于理想格的近似最短向量问题。从目前的研究结果来看,理想格的近似最短向量问题比普通随机格的近似最短向量问题容易。因此分析理想格的近似最短向量问题成为评估实用化格密码算法具体安全性的主要问题之一。对于任意的格,BKZ 算法给出了一个攻击时间和近似因子尺寸之间的均衡关系。之前的研究结果已经表明,在近似因子大于 $2^{o(\sqrt{n})}$ 的情况下存在多项式级别的量子求解算法。本文通过增加预处理的方法得到了一个改进的均衡关系,针对近似因子小于 $2^{o(\sqrt{n})}$ 的情况给出了更好的量子求解算法和经典求解算法。

通用筛法核心模块及其在格基约化中的应用[10]:筛法和枚举是求解格密码问题最主要的两类算法,在过去几年中都在快速发展。整体而言,筛法具有更好的渐进意义复杂性但是需要的存储空间较大,枚举算法的计算复杂性较高但是只需要多项式规模的存储,因此在低维度的攻击实例中,枚举算法比筛法表现更好。针对这一现状,文献 [10] 提出了一个基于抽象状态机的通用筛法内核模块,该模块的基本指令可以支持多种基于筛法的格基约化策略。作者基于该模块对之前的各类筛法策略进行了精确的形式化,提出新的格基约化策略,并实现了一个轻量级的 BKZ 算法。作者提出了新的技术来降低筛法的计算代价,这些技术主要包括向量回收,运行中提升,灵活插入以及随机采样约化。本文提供了通用筛法模块的高度优化的多线程实现,并使用该实现去解决了格困难公开挑战问题的多个实例,解决了之前尚未解决的 Darmstadt SVP 挑战 (151,153,155) 和 LWE (75,0.005)。基于该模块求解 SVP-151 的计算效率比之前求解 SVP-150 的最优实现快 400 倍。在精确 SVP 问题的求解中,该模块在维度大于 70 的情况下会超过枚举算法。

高效格密码基础工具集[11]:在格密码应用中,经常需要元件矩阵(gadget matrix)的快速求逆算法,如比特分解、亚高斯分解、错误学习问题(LWE)解码、离散高斯采样等。Micciancio 和 Peikert 在模数为 2 的次幂时针对元件矩阵提出了高效的 LWE 解码和高斯采样算法。Genise 和 Micciancio 将以上结果扩展到任意模数。文献 [11] 为元件矩阵提出了一套高效的,一般性抽样和求逆算法。具体地说,本文提出了一套元件矩阵和高效抽取亚高斯分布的算法,只需少量存储空间和随机数,支持任意模数以及剩余数系统(Residue Number System,RNS),从而在大模数时无需进行浮点运算,从理论和实际角度优于以往的算法。此外,首次将任意模数的 LWE 解码和离散高斯抽样的高效算法推广到剩余数系统中。应用方面，在 PALISADE 中进行了实现，从运行时间和噪音增长角度进行了性能评估。通过在 CPU 系统中实现密钥策略的基于属性加密（KP-ABE）方案展示了文中算法的提升之处。此前 KP-ABE 只能在 GPU 系统中实现，不能在 CPU 系统中实现。运行时间可以提高 18 倍（2 个属性时）到 289 倍（16 个属性时）。文中的结果可应用到其他格密码中，如基于 GSW 的同态加密方案，分层全同态签名方案，其他形式的基于属性的加密以及混淆程序等。

面向随机存取机（RAM）的属性加密方案[12]：基于属性的加密算法（ABE）可以看作基于身份的加密算法（IBE）的扩展，也可以看作函数加密（FE）的特例，在密文访问控制领域具有广泛的应用价值。目前，几乎所有的 ABE 算法的构造将访问策略函数看作一个布尔电路。由于现实应用中的访问策略函数是一个 RAM（random access machine），这一模型是 ABE 算法的主要计算效率瓶颈。针对 RAM 的 ABE 算法由 Goldwasser 等在 2013 年提出，并给出了基于非标准假设的构造。文献［12］基于 LWE 假设给出了构造，其解密复杂度为亚线性，这是第一个基于标准假设的构造。此外，本文亦考虑了基于 RAM 的 ABE 的对偶概念，即密文依赖数据库的情况，并基于 LWE 假设给出了构造。

后量子密码算法的密钥重用攻击[13]：文献［13］对 NIST（national instiute of standards and technology）后量子密码标准化征集第一轮公钥加密方案中 EMBLEM and R. EMBLEM、Frodo、KINDI、Lepton、LIMA、Lizard、LOTUS、NewHope、Titanium 的 CPA（chosen plaintext attack）安全方案进行了密钥重用攻击。该文章主要使用两种攻击方法进行密钥恢复，分别是 KR-PCA（key recovery under plaintext checking attack）和量子 KR-CCA（key recovery under chosen ciphertext attack）。实施 KR-CPA 攻击方法，敌手可以选择一对密文和明文，询问该密文是否匹配该明文。该方法基于 Fluhrer 的攻击模型，优化了询问次数，对上述方案最多询问 2^{15} 即可以概率 1 恢复完整的密钥。实施量子 KR-CCA 攻击方法，敌手可以对密文进行量子解密询问，基于 GKZ 算法通过输入叠加解决 LWE 问题，另外调整适配了 AJOP 攻击，对上述方案分别询问 1 或 2 次解密服务即可最少以概率 2^{-28} 或 2^{-2} 恢复完整密钥。该工作同时指出，若方案压缩了第二项密文，则 KR-PCA 攻击方法受限，若方案压缩了第一项密文则量子 KR-CCA 攻击会更困难。

LAC 算法的选择密文安全性攻击[14]：文献［14］对 NIST 后量子密码标准化征集第一轮和第二轮 LAC 算法的 LAC256（256 位安全）版本的弱私钥进行了选择密文攻击。具体而言，首先通过穷举搜索收集生成特殊形式错误向量的消息，这些错误向量针对弱私钥可能会导致较高的解密错误概率；然后通过询问解密服务挑出引起解密错误的加密消息；最后使用统计分析来恢复第一步中挑选出的弱私钥。在 LAC256 中，加密算法的随机数 e_1 仅取决于消息 m，与公钥无关，因此，可以离线计算特殊的 e_1 并用于任意公钥。LAC256 在使用纠错码前具有较高的解密失败率，文献［14］在弱私钥 s 和特殊的 e_1 间找到了特殊模式，从而在解密环节产生更大的错误以提高解密失败概率。对第一轮的 LAC256 算法，该攻击方法消耗 2^{162} 离线预计算复杂度及 2^{79} 在线复杂度，以 2^{-64} 概率可以恢复一个弱私钥。对第二轮的 LAC256 算法消耗 2^{171} 离线预计算复杂度及 2^{79} 在线复杂度，以 2^{-64} 概率恢复一个弱私钥。

本节作者： 路献辉（中国科学院信息工程研究所）

参考文献

［1］Chris Peikert, Sina Shiehian. Noninteractive Zero Knowledge for NP from（Plain）Learning with Errors. CRYPTO（1）2019：89-114.

［2］Muhammed F. Esgin, Ron Steinfeld, Joseph K. Liu, Dongxi Liu. Lattice-Based Zero-Knowledge Proofs：New Techniques for Shorter and Faster Constructions and Applications. CRYPTO（1）2019：115-146.

［3］Rupeng Yang, Man Ho Au, Zhenfei Zhang, Qiuliang Xu, Zuoxia Yu, William Whyte. Efficient Lattice-Based Zero-Knowledge Arguments with Standard Soundness：Construction and Applications. CRYPTO（1）2019：147-175.

［4］Jonathan Bootle, Vadim Lyubashevsky, Gregor Seiler. Algebraic Techniques for Short（er）Exact Lattice-Based Zero-Knowledge Proofs. CRYPTO（1）2019：176-202.

［5］Shi Bai, Katharina Boudgoust, Dipayan Das, Adeline Roux-Langlois, Weiqiang Wen, Zhenfei Zhang. Middle-Product Learning with Rounding Problem and its Applications. ASIACRYPT（1）2019：55–81.

［6］ Madalina Bolboceanu, Zvika Brakerski, Renen Perlman, Devika Sharma. Order-LWE and the Hardness of Ring-LWE with Entropic Secrets. ASIACRYPT（2）2019：91–120.

［7］ Ngoc Khanh Nguyen. On the Non-existence of Short Vectors in Random Module Lattices. ASIACRYPT（2）2019：121–150.

［8］ Changmin Lee, Alice Pellet-Mary, Damien Stehlé, Alexandre Wallet. An LLL Algorithm for Module Lattices. ASIACRYPT（2）2019：59–90.

［9］ Alice Pellet-Mary, Guillaume Hanrot, Damien Stehlé. Approx-SVP in Ideal Lattices with Pre-processing. EUROCRYPT（2）2019：685–716.

［10］ Martin R. Albrecht, Léo Ducas, Gottfried Herold, Elena Kirshanova, Eamonn W. Postlethwaite, Marc Stevens. The General Sieve Kernel and New Records in Lattice Reduction. EUROCRYPT（2）2019：717–746.

［11］ Nicholas Genise, Daniele Micciancio, Yuriy Polyakov：Building an Efficient Lattice Gadget Toolkit：Subgaussian Sampling and More. EUROCRYPT（2）2019：655–684.

［12］ Prabhanjan Ananth, Xiong Fan, Elaine Shi. Towards Attribute-Based Encryption for RAMs from LWE：Sub-linear Decryption, and More. ASIACRYPT（1）2019：112–141.

［13］ Ciprian Baetu, F. Betül Durak, Loïs Huguenin-Dumittan, Abdullah Talayhan, Serge Vaudenay. Misuse Attacks on Post-quantum Cryptosystems. EUROCRYPT（2）2019：747–776.

［14］ Qian Guo, Thomas Johansson, Jing Yang. A Novel CCA Attack Using Decryption Errors Against LAC. ASIACRYPT（1）2019：82–111.

3 编码密码

现代密码学诞生后不久便出现了基于编码问题的密码学，然而该技术路线相对小众，长期以来没有得到应有的关注和发展，直到近年来后量子密码的兴起，编码问题由于其抗量子性重新成为密码学界关注的热点。2019 年的亚密会的编码（codes）专题共有三篇编码相关的研究工作。文献［1］解决了一个公开问题，如何基于解线性随机码困难问题（Learning Parity with Noise, LPN）构造抗碰撞哈希函数（Collision Resistant Hash, CRH）。所提算法高效且高度并行，可通过深度为 3 的含非门，扇入不受限的与门和异或门的布尔电路实现。文献［2］构造了基于编码的单向陷门函数（one-way trapdoor function），且满足弱化版的原象可采样（preimage samplable）性，即仅要求大部分（而非所有）象满足原象可采样，在此基础上进一步构造了高效的基于编码的签名方案。文献［3］主要包含三方面的贡献：基于编码的统计意义隐藏（statistically hiding）和计算意义绑定（computationally binding）的承诺方案（commitment）；第一个基于编码的零知识区间论据（zero-knowledge range argument）；基于编码成员资格的零知识论证（zero-knowledge argument of membership），并进一步得到第一个基于编码的默克尔树累加器（Merkle-tree accumulator）。

编码的不可延展性（non-malleability）要求编码在被篡改后其解码的结果与原信息相同或完全无关。具有该性质的编码可应用于编码可能被非法篡改的场景中。这一定义可扩展到密码学一些其他协议中，如秘密分享（secret sharing）等。对特定函数族具有不可延展性的密文或编码，在攻击者对编码用该函数族中的函数进行篡改后，其解码的信息保持不变或完全随机，使得攻击者无法通过操纵篡改从解码得到有效信息。由于编码和解码都在多项式时间内完成，攻击者可以将编码解码后再对信息修改后并重新编码并替换原先编码，这一攻击是不可避免的。因此不可延展性一般是针对特定函数族定义的。文献［5］研究 n-分开状态模型（n-split-state model），即将编码划分为 n 个部分，篡改函数只能单独作用于每个部分，在此意义上满足不可锻造性。文献［7］将此性质扩展到秘密分享方案中，即攻击者只能对指定明文的每个秘密分享独立进行修改，要求篡改后对应的明文保持不变或与原明文完全无关。文献［4］则是研究构造能够在标准（非公共随机串模型，no-CRS）模型下抵抗指定任意多项式时间复杂度的函数族的编码，其构造依赖于多个计算复杂性假设（如存在 EXP 问题不能用一个规模为 $2^{\beta n}$ 的 NP 电路求解），并利用标准（非公共随机串）模型下的非交互零知识证明（NIZK）系统进行构造。文献［6］研究在密码算法的多次运行过程中使用相关（而不是独立的）随机数是否仍能够保证安全性的问题。该文中提出了相关随机数零知识（correlated-tape zero-knowledge）、相关随机数多方计算（correlated-tape multi-party computation），其对应的安全性在使用相关随机数时仍然能够保持。为了实现提出的目标，作者引入并构造了相关源随机数提取器（correlated source extractors），可认为是不可延展随机数提取器（non-malleable extractors）的对偶函数。

作为新一代的哈希函数，memory-hard functions（MHFs）需要使用一定的内存才能进行快速的运算。这种性质使得利用硬件优化（比如利用并行技术）进行暴力哈希破解的难度大大提高，让其在包括密码保护，基于密码的秘钥生成，以及区块链领域得到了广泛应用。业界比较有名的 memory-hard functions 构造包括 Percival 在 2009 年提出的 Scrypt，以及获得世界密码哈希函数竞赛（password hashing competition）冠军的 Argon2 函数等。

MHFs 的构造一般以一个哈希函数 H（比如 SHA-256 的变种）为基础元件（crypto primitives），然后设计一种模式加密（mode of operation）作为最终的函数构造。其理论安全分析一般都假设 H 为一个随机预言机（random oracle）。然而这种假设并不符合实际：现实中 H 一般要求有较大的输入和输出长度（比如几 KB），其构造一般是以 block cipher 或 stream cipher 为基础的模式加密设计，这些设计一般并没有可靠的安全分析，而且针对 H 的硬件优化（比如 ASICs）并不鲜见。这样即便 MHFs 的设计在理论下是安全的，黑客依旧可以通过优化 H 的计算本身来优化对 MHFs 的运算。

文献 [8] 的贡献主要有：第一，提出了以一种更为快速和安全的基础元件（比如 AES）来设计 MHFs。其理论分析只假设 AES 是一个可逆随机置换（inversible random permutation）。该构造具有很强的通用性，它可以将任何一个 hard-to-pebble 图转化成一个 MHF。第二，提出了保留原有的设计框架（即基于拥有较大输入/输出长度的哈希函数 H 来构建 MHFs），但通过设计更为安全的 H 来保证原有设计的安全性。文献 [8] 中设计的 H 依旧是基于 AES 的模式加密，并且其理论分析只假设 AES 是可逆随机置换（inversible random permutation）。

本节作者：郁昱（上海交通大学）

参考文献

[1] Yu Yu, Jiang Zhang, Jian Weng, Chun Guo, Xiangxue Li. Collision Resistant Hashing from Sub-exponential Learning Parity with Noise. ASIACRYPT (2) 2019：3-24.

［2］ Thomas Debris-Alazard, Nicolas Sendrier, Jean-Pierre Tillich. Wave: A New Family of Trapdoor One-Way Preimage Sampleable Functions Based on Codes. ASIACRYPT （1） 2019: 21-51.

［3］ Khoa Nguyen, Hanh Tang, Huaxiong Wang, Neng Zeng. New Code-Based Privacy-Preserving Cryptographic Constructions. ASIACRYPT （2） 2019: 25-55.

［4］ Marshall Ball, Dana Dachman-Soled, Mukul Kulkarni, Huijia Lin, Tal Malkin. Non-Malleable Codes Against Bounded Polynomial Time Tampering. EUROCRYPT （1） 2019: 501-530.

［5］ Divesh Aggarwal, Nico Döttling, Jesper Buus Nielsen, Maciej Obremski, Erick Purwanto. Continuous Non-Malleable Codes in the 8-Split-State Model. EUROCRYPT （1） 2019: 531-561.

［6］ Vipul Goyal, Yifan Song. Correlated-Source Extractors and Cryptography with Correlated-Random Tapes. EUROCRYPT （1） 2019: 562-592.

［7］ Saikrishna Badrinarayanan, Akshayaram Srinivasan. Revisiting Non-Malleable Secret Sharing. EUROCRYPT （1） 2019: 593-622.

［8］ Binyi Chen, Stefano Tessaro. Memory-Hard Functions from Cryptographic Primitives. CRYPTO （2） 2019: 543-572.

4　同源密码

作为后量子密码的预选方案之一，基于同源的密码由于继承了传统椭圆曲线密码中的若干算术基础，因此得到了众多密码工作者的关注。2019 年亚密会上有 6 篇论文研究了同源密码中的计算问题或同源密码方案设计问题。

基于同源密码的核心计算问题是特定次数的同源计算。早期的同源计算研究主要集中在 Weierstrass 曲线模型和 Montgomery 曲线模型上。由于 Edwards 模型、Hessian 模型、Huff 模型等椭圆曲线的其他模型也有可能提供同源计算的优化，Kim 等在文献 ［1］ 中充分利用 Edwards 曲线模型上 w 坐标的优良性质，给出了计算奇数次同源的高效方法。与 Montgomery 曲线模型上的同源计算相比较，Kim 等的方法随着（奇）次数的增大将更有效。该方法中的高（奇数）次同源计算将为基于同源的密码（尤其是 CSIDH）实现提供参考。

基于同源密码中的另一个重要计算问题是公钥压缩。已有的方法主要利用 Pohlig-Hellman 离散对数算法和双线性配对等技术，但相关的计算量还是偏大。在文献［2］中，Naehrig 和 Renes 巧妙地利用对偶同源，将同源曲线上的一些计算（如生成元的选择、Tate 配对的计算等）拉回（pull back）到初始曲线上，进而可以通过预计算的方式（如预计算 Miller 函数）减少计算量。特别地，针对 NIST 第 2 轮后量子密码预选方案中提交的 SIKE 方案中，将初始曲线从 Montgomery 曲线参数 $A = 0$ 改为 $A = 6$（从而可避免由 $j = 1728$ 的曲线在同源图中的特殊性所带来的潜在安全威胁）后，仍然可以利用对偶（2-）同源将一些计算转移到 $j = 1728$ 的椭圆曲线上来，进而充分利用该曲线的特殊性获得计算便利（如 Torsion 基等）。

文献［1］分析并比较了基于 Montgomery 模型和 Edwards 模型的不同（奇）次数同源的计算量；文献［2］则基于 SIDH 3.2 库给出了具体测试的比较。两篇论文都对同源密码中的计算问题做出了很好的改进，对同源密码的发展与走向实际应用提供了有价值的参考。

文献［3］计算了 CSIDH-512 曲线参数所对应虚二次域（包含其自同态环）的类群的群结构以及关系格，并通过求解关系格中的近似 CVP（最短向量问题）给出了计算类群作用的有效算法，该算法与原 CSIDH 方案中的类群作用有效表示法相比仅慢了 15%。作者基于这些发现，提出了 CSI-Fish 签名方案（基于交换超奇异同源的 Fiat-Shamir 型签名），并论证了其安全性。与其他后量子签名方案相比，该签名方案在签名大小上有优势，并通过具体实例进行了验证。

文献［4］研究了定义在模 RSA 模数的剩余类环上的常椭圆曲线同源图上若干问题的计算复杂性，猜测该同源图上邻域搜索问题及相关变体是困难的。基于此猜测，作者利用虚二次域序模的理想类群给出了（带陷门的）不可求逆群的构造。同时，该工作探讨了利用不可求逆群构造密码方案（如定向可传递签名、广播加密等）的可行性。

文献［5］不仅给出了可验证延迟函数（VDF）的新框架，并通过超奇异同源及双线性配对构造了 VDF 的两个实例：一种类比于 CSIDH 同源密码方案基于 F_p 上的超奇异椭圆曲线来构造，而另一类则类比于 $SIDH$ 基于 F_{p2} 上的超奇异椭圆曲线来构造。两类均通过计算固定次同源实现延迟功能，并借助双线性配对高效验证，完美地利用了椭圆曲线上的数学工具。与已有的 VDF 实例方案相比，本文的方案更优，无需交互，验证高效且无需额外证明，且由于同源计算的抗量子性，在安全性上也具有优势。

文献［6］旨在解决 Galbraith 在 2018 年亚密会上提出的公开问题：探索新的技术以设计能抵抗最广泛的可能敌手攻击的基于超奇异同源的可验证密钥交换协议（AKE），并证明其安全性。作者首先给出了一个强 OW-CPA 安全的 PKE（安全性基于超奇异同源判定 Diffie-Hellman（SI-DDH）假设），并通过改进的 Fujisaki-Okamoto 转化得到一个安全的 KEM 方案 $2KEM_{sidh}$，基于此给出了一个基于 SI-DDH 的 2-传 AKE 方案 SIAKE2。其次，作者改进了 $2KEM_{sidh}$ 方案并给出了一个 3-轮 AKE 方案 SIAKE3。这两个 AKE 方案在随机预言模型下都是 CK+安全的，并且支持任意的注册。此外，作者通过分析与实现表明该方案与其他基于同源的同类方案相比在效率上占优。

文献［3-6］都是关于基于同源的密码方案设计。这表明椭圆曲线上的同源计算不仅可用于 Hash 函数构造和密钥交换，在其他密码方案设计方面同样有着重要的应用价值，这些都将极大地丰富基于同源的密码发展。

本节作者： 刘哲（南京航空航天大学），胡志（中南大学）

参考文献

［1］ Suhri Kim, Kisoon Yoon, Young-Ho Park, Seokhie Hong. Optimized Method for Computing Odd-Degree Isogenies on Edwards Curves. ASIACRYPT（2）2019：273-292.

［2］ Michael Naehrig, Joost Renes. Dual Isogenies and Their Application to Public-Key Compression for Isogeny-Based Cryptography. ASIACRYPT（2）2019：243-272.

［3］ Ward Beullens, Thorsten Kleinjung, Frederik Vercauteren. CSI-FiSh：Efficient I-sogeny Based Signatures Through Class Group Computations. ASIACRYPT（1）2019：227-247.

［4］ Salim Ali Altug, Yilei Chen. Hard Isogeny Problems over RSA Moduli and Groups with Infeasible Inversion. ASIACRYPT（2）2019：293-322.

［5］Luca De Feo，Simon Masson，Christophe Petit，Antonio Sanso. Verifiable Delay Functions from Supersingular Isogenies and Pairings. ASIACRYPT（1）2019：248-277.

［6］Xiu Xu，Haiyang Xue，Kunpeng Wang，Man Ho Au，Song Tian. Strongly Secure Authenticated Key Exchange from Supersingular Isogenies. ASIACRYPT（1）2019：278-308.

安全协议

1 混淆

混淆（obfuscation），即将一个程序（或电路）转化为一个混淆程序的密码技术，以达到保留其功能而"隐藏"其内容的目的。在 2019 年三大密码会（Crypto2019，Eurocrypt 2019，Asiacrypt 2019）上，共有 7 篇关于混淆的文章被收录。除了对应用场景的研究（1 篇）之外，收录的文章还主要包括不可区分混淆（indistinguishability obfuscation）的通用构造（3 篇），特殊函数混淆的构造（1 篇），对已有混淆方案的攻击（2 篇）等方面。

从已有的多线性映射方案被攻击开始，关于利用函数加密（functional encryption）构造通用不可区分混淆的想法就成为构造混淆的新希望。然而最有希望突破多线性映射的构造方案[1]，也因为对于局部二阶伪随机生成器（locality-2 PRG）的攻击[2,3]而停留在三线性映射构造上。在 2019 年的三大密码会议上，如何使用函数加密构造 i ɡ 又有了新的突破。

首先，Barak 等[4]给出了所有二次伪随机生成器方案的多项式时间攻击。这使得早期发表在 ePrint 上面的两篇优化文章[5,6]被攻破。但是文章中提到，这一攻击方法对于三次的 ΔRG（perturbation resilient generators）没有效果。对于三次及其以上次数伪随机生成器难度的讨论，也渐渐与随机 3-SAT 问题的困难性产生了联系。紧接着文献［8，9］的作者对自己的方案进行修改，使用了 3 次的 ΔRG 或者 PFG（pseudo flawed-smudging generators）两种弱化的伪随机生成器来构造混淆，此文章发表在 2019 年的美密会上[7]。在此工作的基础上，Jain 等[8]也在欧密会上提出了使用双线性对的 SXDH 假设构造 D 受限的函数加密（D-restricted FE）方案，并利用此变形的函数加密方案构造

ΔRG 再利用文献［5］的方法构造混淆。除此之外，对于没有被完全攻破的最差情况下扩展因子为 $\Omega(n \cdot 2^{b(1+\varepsilon)})$ 的二次伪随机生成器，Agrawal 使用此种伪随机生成器构造了一个新的带噪音的线性函数加密方案（noisy linear functional encryption，NLinFE）。并且，Agrawal 抛弃了之前利用对 L 次多项式函数加密构造 NC^1 电路函数加密方案的自举方法（bootstrapping），给出了如何使用 NLinFE 方案构造 NC^1 电路函数加密方案的新的自举方法，从而完成对通用不可区分混淆构造的过程[9]。可以看到，对于如何使用更加简单，更加高效的密码原语构造不可区分混淆成为现在的研究热点。现阶段，无论是使用双线性对，还是使用特殊弱化的伪随机生成器构造的混淆方案，都不能保证绝对的安全。是否存在对这些新的构造方法的攻击（例如 3 次 ΔRG 方案）还是一个待探讨的问题。假设这些方法是安全的，那么现阶段的混淆构造方案与传统使用多线性映射构造的混淆方案在参数设置或效率上有多大的差距？是否有更加简洁更加高效的构造方案？关于通用不可区分混淆的高效构造，还有很多待探究分析的地方。

对于特殊函数的混淆构造，Bartusek 等[10] 在今年的欧密会上给出了合取函数（conjunction function）混淆的研究新进展。合取函数是指形如 $f(x_1, \cdots, x_n) = \bigwedge_{i \in S} l_i$ 的函数，其中 $S \subseteq [n]$ 并且每一个子句 l_i 等于 x_i 或者 $\neg x_i$。合取函数的混淆可以在式样识别中起到不可忽视的作用。Bishop 等[11] 利用拉格朗日插值的方法，巧妙而简洁地实现了对合取函数虚拟黑盒安全混淆的构造。Bartusek 等分析 Bishop 等的方案得到，原本的方案可以看作一个范德蒙矩阵 A 与一个随机向量 s 相乘，再加上一个特定的"错误向量" e 构造而成的。因此，Bartusek 等给出了对于合取函数混淆的改进方案。改进方案中既实现 Bishop 等方案参数降低，而且脱离一般群模型（general group model）假设改用 LPN（learning parity with noise）假设。此外，文章中还给出对于多比特输出的合取函数基于 LPN 假设的构造方案。基于合取函数的构造方案简洁有效，而合取函数可以看作对一串输入 $x \in \{0, 1\}^n$ 判定其是否与一个"标准"模式 $pat \in \{0, 1, *\}^n$ 一致的判定函数（ $*$ 表示某个位置的比特不做比较）。因此，对于合取函数的混淆在式样识别中在应用与具体实现以及对更复杂函数的混淆方案的构造，有可能成为学者们下一步努力的方向。

自从 Garg 等[12] 13 年给出利用多线性映射或者分级编码系统构造通用 iO 的方案开始，对于此类构造方法的攻击就一直存在。Cheon 等[13] 在今年的美密会上给出了基于

GGH15 多线性映射构造的分支程序（branching program）混淆方案的攻击算法——统计零化攻击（statistical zeroizing attack）。一般来说，假设两个功能相同，规模相同的分支程序 $M=\{inp_1, \{M_{i,b}\in\{0,1\}^{w\times w}\}_{i\in[h],b\in\{0,1\}}\}$ 和 $N=\{inp_2, \{N_{i,b}\in\{0,1\}^{w\times w}\}_{i\in[h],b\in\{0,1\}}\}$，除了 $N_{1,b}=I$ 其余的矩阵均为全零矩阵。那么两个分支程序的混淆函数在计算时就会出现：$\mathfrak{O}(M)(x)=E_{1,x_{inp(1)}}\cdot\prod_{k=2}^{h}D_{k,x_{inp(k)}}$ 和 $\mathfrak{O}(N)(x)=E_{1,x_{inp(1)}}\cdot\prod_{k=2}^{h}D_{k,x_{inp(k)}}+I\cdot E_{2,x_{inp(2)}}\cdot\prod_{k=3}^{h}D_{k,x_{inp(k)}}$ 这样的不同。统计零化攻击的出现，使得我们在构造混淆的过程中，不仅要注意两个功能相同的程序在计算过程中的区别，还要注意由于计算结果带来的"形状（shape）"不同而产生区别，利用此不同将会对已有的基于 GGH15 的分支程序的混淆进行区分。在文中，作者也提到，此类攻击仅对近期的 BGMZ 混淆[14] 和 CVW 混淆[15] 有效，而对于使用置换矩阵分支程序（permutation matrix branching program）构造的攻击效果值得进一步研究。此外，对于抗击统计零化攻击的方案是否有可证明安全的构造也是一个新的研究方向。

Hofheinz 等[16]在 2019 年亚密会上给出了混淆的新应用——双模式非交互零知识证明系统（dual-mode NIZK proofs）的构造方案。双模式是可以通过参数 crs 的选择满足统计完备性和统计零知识性两者任一的新模式。Groth-Sahai 证明系统[17]可以使用一种特殊的循环群——双线性对适用的循环群来构造。而 Hofheinz 等使用不可区分混淆、单向函数、函数加密、损失加密（lossy encryption）以及损失函数（lossy function）来构造双模式 NIZK 协议。此种构造方案不仅更加简洁明了，还带来了一个更深层次的探讨：能否使用类似单向函数、不可区分混淆等非结构对象来构造类似 DDH 群的结构对象呢？本文给出的答案是肯定的。利用本文的一些方法，可以替代多线性映射，分级编码，可交互的安全群构造中的双线性对，也就是说不可区分混淆可以代替双线性对在这些构造中的地位。

本节作者：张方国、张正（中山大学）

参考文献

［1］ Huijia Lin, Stefano Tessaro. Indistinguishability Obfuscation from Trilinear Maps and

Block-Wise Local PRGs. CRYPTO（1）2017：630-660.

［2］Boaz Barak，Zvika Brakerski，Ilan Komargodski，Pravesh K. Kothari. Limits on Low-Degree Pseudorandom Generators（Or：Sum-of-Squares Meets Program Obfuscation）. EUROCRYPT（2）2018：649-679.

［3］Alex Lombardi，Vinod Vaikuntanathan. On the Non-Existence of Blockwise 2-Local PRGs with Applications to Indistinguishability Obfuscation. IACR Cryptology ePrint Archive 2017：301（2017）.

［4］Boaz Barak，Samuel B. Hopkins，Aayush Jain，Pravesh Kothari，Amit Sahai. Sum-of-Squares Meets Program Obfuscation，Revisited. EUROCRYPT（1）2019：226-250.

［5］Prabhanjan Ananth，Aayush Jain，Dakshita Khurana，Amit Sahai. Indisting uishability Obfuscation Without Multilinear Maps：iO from LWE，Bilinear Maps，and Weak Pseudorandomness. IACR Cryptology ePrint Archive 2018：615（2018）.

［6］Huijia Lin，Christian Matt. Pseudo Flawed-Smudging Generators and Their Application to Indistinguishability Obfuscation. IACR Cryptology ePrint Archive 2018：646（2018）.

［7］Prabhanjan Ananth，Aayush Jain，Huijia Lin，Christian Matt，Amit Sahai. Indistinguishability Obfuscation Without Multilinear Maps：New Paradigms via Low Degree Weak Pseudorandomness and Security Amplification. CRYPTO（3）2019：284-332.

［8］Aayush Jain，Huijia Lin，Christian Matt，Amit Sahai. How to Leverage Hardness of Constant-Degree Expanding Polynomials over R to build iO. EUROCRYPT（1）2019：251-281.

［9］Shweta Agrawal. Indistinguishability Obfuscation Without Multilinear Maps：New Methods for Bootstrapping and Instantiation. EUROCRYPT（1）2019：191-225.

［10］James Bartusek，Tancrède Lepoint，Fermi Ma，Mark Zhandry. New Techniques for Obfuscating Conjunctions. EUROCRYPT（3）2019：636-666.

［11］Allison Bishop，Lucas Kowalczyk，Tal Malkin，Valerio Pastro，Mariana Raykova，Kevin Shi. A Simple Obfuscation Scheme for Pattern-Matching with Wildcards. CRYPTO（3）2018：731-752.

［12］Sanjam Garg，Craig Gentry，Shai Halevi，Mariana Raykova，Amit Sahai，Brent

Waters. Candidate Indistinguishability Obfuscation and Functional Encryption for all Circuits. FOCS 2013：40-49.

［13］ Jung Hee Cheon，Wonhee Cho，Minki Hhan，Jiseung Kim，Changmin Lee. Statistical Zeroizing Attack：Cryptanalysis of Candidates of BP Obfuscation over GGH15 Multilinear Map. CRYPTO（3）2019：253-283.

［14］ Yilei Chen，Vinod Vaikuntanathan，Hoeteck Wee. GGH15 Beyond Permutation Branching Programs：Proofs，Attacks，and Candidates. CRYPTO（2）2018：577-607.

［15］ James Bartusek，Jiaxin Guan，Fermi Ma，Mark Zhandry. Return of GGH15：Provable Security Against Zeroizing Attacks. TCC（2）2018：544-574.

［16］ Dennis Hofheinz，Bogdan Ursu. Dual-Mode NIZKs from Obfuscation. ASIACRYPT（1）2019：311-341.

［17］ Jens Groth，Amit Sahai. Efficient Non - interactive Proof Systems for Bilinear Groups. EUROCRYPT 2008：415-432.

2　安全多方计算

2019 年的三大密码会中，安全多方计算（Secure Multi-Party Computation，SMPC）仍然是研究的热点方向，其中 Crypto 包含有 2 个相关专题，收录 8 篇论文，Eurocrypt 包含 3 个相关专题，收录 8 篇论文，Asiacrypt 包含 2 个相关专题，收录 7 篇论文。从研究内容看，主要涉及三个方面：（1）通用 SMPC 协议研究；（2）特殊功能的 SMPC 协议研究；（3）SMPC 安全模型及系统模型研究。

2.1　通用 SMPC 协议研究

近年来，对通用 SMPC 协议的研究主要集中在效率的提升方面。随着设备计算能力的增长以及计算优化技术的发展，使得 SMPC 协议的通讯开销已经超过了计算开销，通讯量与交互轮次已经成为 SMPC 协议的效率瓶颈。

文献［1］关注了相关随机性模型下信息论安全的 SMPC 协议的通信复杂度，文章针对一个 s 层的分层电路，可以使用 $O(s/\log_2\log_2 s)$ 的通信复杂度来完成安全计算。该结果同时适用于布尔电路和算术电路，并且不需要诚实方大多数假设。文献［2］关注了相关随机数生成过程的通信复杂度，提出了相关伪随机数发生器（Pseudorandom Correlation Generators，PCG）的概念。使用 PCG，参与方仅需要少量的种子随机值，通过本地拓展，可以生成很长的相关随机数。文献［2］给出了 PCG 的定义以及关于不经意传输（Oblivious Transfer，OT）拓展、一次真值表（One-Time Truth Table，OTTT）和 Beaver 乘法元组等相关数据的 PCG 构造。

文献［3］针对适应性敌手给出了如何构造具有亚线性通信复杂度的适应性安全 SMPC 协议。文献［4］关注了无条件安全 SMPC 协议的通信复杂度下界问题，指出对于具有 g 个门的电路，构造标准模型下 $n = 2t + 1$，和预处理模型下 $n = t + 1$ 的 SMPC 协议（总共 n 个参与方，其中 t 个可以被腐化），即使在半诚实模型下，也需要至少 $\Omega(ng)$ 的通信量。针对 SMPC 协议的输出可达性，文献［5］研究了在点对点信道和 $t < n/3$ 设定下，构造了一个乘法电路的无条件安全 SMPC 协议，其通信复杂度与参与方数量成线性关系。

对于高延迟网络（如 Internet），建立网络连接的时间占比较大，这时协议的交互轮次复杂度对协议的通信效率影响较大。目前，不少工作聚焦于 SMPC 协议的交互轮次复杂度。其中，文献［6，7］研究了恶意敌手模型下 SMPC 协议的轮次复杂度问题，给出了一些关于完备性和轮次复杂度的新结论。文献［8］关注了广播信道模型中，通用两方/多方 SMPC 协议的轮次复杂度问题。文章指出，假设存在广播信道以及一个 k 轮的不可延展承诺协议，那么可构造 $max(4, k+1)$ 轮的安全两方计算协议，当利用现存的不可延展承诺协议后，可以实现 4 轮通信的安全两方计算协议。同时，文章给出了一系列轮数和密码假设之间的平衡关系。针对 SMPC 协议的公平性和健壮性，文献［9］关注了在敌手既可以恶意、又可以半诚实腐化参与方的设定下，为了实现公平性和健壮性需要付出的轮次复杂度问题。文章指出，实现公平性和健壮性要求 $ta + tp < n$，其中 ta 和 tp 分别表示敌手控制的恶意和半诚实腐化参与方的数量。文章给出了在动态腐化的设定下，具有公平性和健壮性的 n 方安全计算协议的一些轮次复杂度结果。

此外，针对非交互 SMPC 方案，文献［10］研究了如何通过并行执行茫然线性函数求值（Oblivious Linear function Evaluation，OLE）实现可重用非交互安全计算，同时给出了在 OLE 混合模型下的构造。文献［10］证明了一个不可能结论——仅使用 OT

协议，不能实现可重用非交互安全计算以及零知识证明。

2.2 特殊功能的 SMPC 协议研究

近年来，隐私保护的集合运算受到了广泛的关注，这里的集合运算主要包含求交集和求并集两类。隐私集合求交集（Private Set Intersection，PSI）要求其中一个参与方（或双方）得到交集而对交集外的元素一无所知。隐私集合求并集（Private Set Union，PSU）则要求参与方只得到并集结果而对其他信息（如交集元素）一无所知。

影响 PSI 协议效率的主要因素主要分为两种：一是集合元素的大小和数量；二是协议所使用密码原语。半诚实模型下，目前高效的 PSI 协议全部是基于 OT 和茫然伪随机函数（Oblivious Pseudo-Random Function，OPRF）求值来设计的，这是由于 OT 和 OPRF 求值都可以使用 OT 扩展的技巧，利用预计算的方式，将公钥操作的数量降到最低。

文献 [11] 使用 OT 扩展的另一个变种，称为稀疏 OT（sparse OT），使用 sparse OT 设计出的两方 PSI 协议实现了计算和通信效率的平衡，在云计算环境中协议的花销达到最低。文献 [12] 是第一个使用电路实现线性复杂度的 PSI 协议，其协议使用了可编程的 OPRF。恶意敌手模型下，文献 [13] 实现了基于 OLE 的信息论安全的两方 PSI 协议，并将该协议一般化为多方 PSI，且实现恶意模型下的 UC 安全，这其中 OLE 的主要功能是将集合元素表示为多项式的根，然后利用多项式实现集合求交集的操作。在同样的通信和计算复杂度下，文献 [13] 还可以扩展为门限 PSI。门限 PSI 是指两方集合的差异不超过所设置的门限时才进行求交集运算。在文献 [14] 中，作者具体讨论了门限 PSI 通信复杂度的上界和下界，并在较弱安全假设下给出一个通信更优的协议，协议的通信复杂度取决于门限 t 而不是集合的大小 n。

PSI 所采用的方法很难直接使用到 PSU 中，因为 PSU 和 PSI 所要保护的元素是对立的。例如一个参与方的某元素不属于两个集合的交集，那么该元素在 PSI 中不能泄露给另一个参与方，而在 PSU 中则要求另一个参与方得到这个元素。同样，当某个元素属于集合的交集时，则要保证双方无法确定对方是否拥有该元素。文献 [15] 结合 OPRF 和多项式插值设计了反向成员检测（Reverse Private Membership Test，RPMT）原语，利用 RPMT 高效实现了 PSU。

2.3 SMPC 安全模型及系统模型研究

在对安全协议的实际应用中，半诚实模型往往不能真实地刻画网络环境中的攻击行为，而恶意模型下的安全协议效率较低，难以实用。因此，介于半诚实模型和恶意模型之间的隐蔽敌手模型得到了关注。这类模型刻画的场景可以简单概括为敌手的恶意行为会被诚实参与方以一定的概率捕捉到。文献［16］设计了隐蔽敌手模型下高效的公开可验证方案，作者没有使用 signed oblivious transfer，仅仅使用 "off-the-shelf" 原语，在震慑因子为 1/2 时，协议的运行效率比目前的半诚实协议提升 20%~40%。

文献［17］介绍了在区块链混合模型中的安全计算问题。在区块链混合模型中，区块链相当于模型中 Oracle 的角色。文章指出，传统的使用回滚（Rewind）技术的模拟安全性证明并不能抵抗区块链动态敌手，基于黑盒模拟的零知识证明协议也不能抵抗区块链动态敌手，但如果诚实参与方同时是区块链中的动态参与方，那么协议则可被证明抵抗区块链动态敌手。文章给出了 $\omega(1)$-轮黑盒模拟的零知识证明协议，并给出了区块链的一类新应用，基于标准密码学假设，为区块链混合模型中的一些基本功能构造了并发的安全计算协议。

文献［18］在 Katz（EUROCRYPT'07）的 tamper-proof token model 的基础上提出了 corrupted token model。此模型允许敌手腐化诚实参与方的 token，在假设单向函数存在性的条件下，该腐化模型可以实现在敌手最多腐化 $n-1$ 个用户的情况下的 UC 安全。文献［18］用小规模的 token 实现了上述模型，相比 Nayak 等（NDSS'17）的构造需要满足抗碰撞 hash 函数的存在性，仅需要满足单向函数的存在性就可以获得相同的结果。

本节作者： 王皓（山东师范大学），蒋瀚（山东大学）

参考文献

［1］Geoffroy Couteau. A Note on the Communication Complexity of Multiparty Computation in the Correlated Randomness Model. EUROCRYPT (2) 2019：473-503.

［2］Elette Boyle, Geoffroy Couteau, Niv Gilboa, Yuval Ishai, Lisa Kohl, Peter

Scholl. Efficient Pseudorandom Correlation Generators：Silent OT Extension and More. CRYPTO (3) 2019：489-518.

［3］ Ran Cohen, Abhi Shelat, Daniel Wichs. Adaptively Secure MPC with Sublinear Communication Complexity. CRYPTO (2) 2019：30-60.

［4］ Ivan Damgård, Kasper Green Larsen, Jesper Buus Nielsen. Communication Lower Bounds for Statistically Secure MPC, With or Without Preprocessing. CRYPTO (2) 2019：61-84.

［5］ Vipul Goyal, Yanyi Liu, Yifan Song. Communication-Efficient Unconditional MPC with Guaranteed Output Delivery. CRYPTO (2) 2019：85-114.

［6］ Benny Applebaum, Zvika Brakerski, Rotem Tsabary. Degree 2 is Complete for the Round-Complexity of Malicious MPC. EUROCRYPT (2) 2019：504-531.

［7］ Prabhanjan Ananth, Arka Rai Choudhuri, Aarushi Goel, Abhishek Jain. Two Round Information-Theoretic MPC with Malicious Security. EUROCRYPT (2) 2019：532-561.

［8］ Sanjam Garg, Aarushi Goel and Abhishek Jain. The Broadcast Message Complexity of Secure Multiparty Computation. ASIACRYPT 2019.

［9］ Arpita Patra, Divya Ravi. Beyond Honest Majority：The Round Complexity of Fair and Robust Multi-party Computation. ASIACRYPT 2019.

［10］ Melissa Chase, Yevgeniy Dodis, Yuval Ishai, Daniel Kraschewski, Tianren Liu, Rafail Ostrovsky, Vinod Vaikuntanathan. Reusable Non - Interactive Secure Computation. CRYPTO (3) 2019：462-488.

［11］ Benny Pinkas, Mike Rosulek, Ni Trieu, Avishay Yanai. SpOT-Light：Lightweight Private Set Intersection from Sparse OT Extension. CRYPTO (3) 2019：401-431.

［12］ Benny Pinkas, Thomas Schneider, Oleksandr Tkachenko, Avishay Yanai. Efficient Circuit-Based PSI with Linear Communication. EUROCRYPT (3) 2019：122-153.

［13］ Satrajit Ghosh, Tobias Nilges. An Algebraic Approach to Maliciously Secure Private Set Intersection. EUROCRYPT (3) 2019：154-185.

［14］ Satrajit Ghosh, Mark Simkin. The Communication Complexity of Threshold Private Set Intersection. CRYPTO (2) 2019：3-29.

[15] Vladimir Kolesnikov, Mike Rosulek, Ni Trieu, Xiao Wang. Scalable Private Set Union from Symmetric-Key Techniques. ASIACRYPT (2) 2019: 636-666.

[16] Cheng Hong, Jonathan Katz, Vladimir Kolesnikov, Wen-jie Lu, Xiao Wang. Covert Security with Public Verifiability: Faster, Leaner, and Simpler. EUROCRYPT (3) 2019: 97-121.

[17] Arka Rai Choudhuri, Vipul Goyal, Abhishek Jain. Founding Secure Computation on Blockchains. EUROCRYPT (2) 2019: 351-380.

[18] Nishanth Chandran, Wutichai Chongchitmate, Rafail Ostrovsky, Ivan Visconti. Universally Composable Secure Computation with Corrupted Tokens. CRYPTO (3) 2019: 432-461.

3　密码理论／零知识

今年密码学理论方面一个较大的进展就是在 Fiat-Shamir 启发式方面获得的理论结果。Fiat-Shamir 启发式是一种常用的将公共掷币的证明（论证）系统转化成非交互的协议（如数字签名非交互零知识等），其主要的思想是让证明者自己将公共掷币协议中的随机挑战换成哈希函数的输出。长期以来，只能将转化中用到的哈希函数理想化后在 RO 模型中来证明转化后协议的安全性，对于怎样实现这种哈希函数并确保能在标准模型/假设下证明转化后的协议的安全性，则是一个巨大的挑战。在文献 [4] 中，Canetti 等基于更弱的假设构造了一类特殊的哈希函数，这类哈希函数被称作 correlation intractable hash（CIH），其可以保证在某些关系 R 上满足：寻找到满足 $\text{CIH}(x) = \text{R}(x)$ 的 x 是困难的。进而可以作用在相当多种类的协议上用来降低其轮数并保证安全性（应当注意到，这里的哈希构造是哈希簇的构造，而非单个哈希。由此，利用这类哈希将交互协议转化为非交互协议时，通常需要一个可信方从这类哈希簇里挑选一个哈希函数）。在文献 [4] 中，主要构造了如下几种 CIH：1. 基于 LWE 问题的某些强化版本，分别针对固定大小电路可抽样和可搜索的关系 R 构造了的 CIH，并利用这个 CIH 构造了公共参考串模型下的统计零知识的 NIZK。2. 如果我们使用更强的猜想，则可以构造一个紧的 CIH 函数族，即它的描述与上述固定电路的大小无关。紧接这一工作，Peikert 等将上述构造中的假设弱化到标准的 LWE 问题，正面解决了是否能从最差复杂性假设来构造非交互零知识这一重大公开问题（参见零知识证明研究进展）。

哈希证明系统是一种指定验证者的非交互零知识证明系统，可以被用来构造较为高效的选择密文攻击（CCA）安全的密码方案，然而这种方案并不满足紧致的多挑战 CCA（mCCA）安全性。在文献［2］中，韩帅，刘胜利和谷大武等为了取得更加紧致安全的公钥加密方案，将哈希证明系统的概念加以推广，提出了准自适应性哈希证明系统（QAHPS），并基于此构建了可证明安全的紧致且泄露容忍 CCA 安全的公钥加密方案，最后利用非对称双线性映射群给出相应方案的高效实例化。

分布抗碰撞哈希（dCRH）函数是一种抗碰撞哈希的放宽。它只要求选取出均匀的一对碰撞是困难的。这种哈希函数的能力介于单向性与抗碰撞性之间。在文献［3］中，Bitansky 等第一次使用 dCRH 构造了常数轮统计隐藏的承诺方案，而这种承诺方案是与单向函数黑盒分离的，而且基于单向函数的非黑盒的构造直到现在也没有给出。文献［3］中的构造依据的是 2009 年的从 inaccessible 熵生成器（entropy generators）到统计隐藏承诺的归约。这个结论在一定程度上说明了 dCRH 的能力要比单向函数强。另一方面，文献［3］中还给出了从两轮统计隐藏方案到 dCRH 的构造，这说明了 dCRH 与统计隐藏承诺方案之间有着某种等价性。

陷门哈希函数（TDH），则是在哈希函数的基础上加上一个类似于陷门函数的性质。给定陷门 x 的 hash 值和关于 x 的 hint value，可以恢复出 x 的某个固定的位。在文献［5］中，Döttling 等给出了 hint value 长度为 1 的基于 DDH，QR，DCR 或者 LWE 的 TDH 构造，并基于这样的 TDH 构造出了基于 DDH，QR 或者 LWE 的 rate-1 的两轮 OT 协议以及其他一些推广了 OT 功能的 rate-1 协议。相关协议在部分猜想上的构造是首次提出。

通用线路（universal circuit（UC））是一种用来模拟任意线路的线路。这种线路被广泛应用在各种隐私保护的计算应用中。在 STOC1976 上，Valiant 使用 edgeuniversal graph（EUG）成功构造了 UC。在文献［1］中，赵铄曜，郁昱，张江等改进了 Valiant 的通用线路构造，提出了一种大小为 18 的 4-waysupernode（Valiant 的构造使用的 supernode 大小是 19），从而将 EUGs 的大小从 4.75nlogn 减少到了 4.5nlogn，进而减少了 UC 的大小至少 5%。除此以外，该论文还给出了这种构造方式的下界。这一进展为使用了 UC 的计算应用提高了效率。

目前大多数密码构造的安全性大都是基于各种群上困难性假设，如 DDH，CDH 等，但是在使用这些困难性假设时，有的算法使用某个固定群生成元，而另一些则是选择一个随机群生成元。在文献［6］中，Bartusek 等考察了这两种情形的区别。它们发现，在一般的群模型下，固定的群生成元与随机的群生成元对于 DDH 和 CDH 猜想而言安全性是不同的。DL 猜想和 CDH 猜想在随机群生成元的情形下能更好地抵抗预处理攻击。DDH-like 猜想在低熵分布下对于群生成元的生成方式额外敏感。它们的发现为今后基于群上猜想的方案构造提供了参考。

零知识证明领域今年理论方面最重要的进展 3-轮零知识协议和非交互零知识证明的新构造。在文献［7］中，Bitansky 等通过对全同态加密与随机自归约加密的应用，提出了一种新的同态陷门模拟范式。并首次给出了基于多项式安全的 LWE 的三轮弱零知识协议的构造，与基于准多项式安全的 LWE 假设和亚指数安全的单向函数的两轮的 weak-zk 协议的构造。这一同态陷门模拟范式有可能为今后突破黑盒模拟下界提供一些新思路。在文献［8］中，Bitansky 等首次给出了三轮统计零知识论证协议的构造（非标准假设下），达到了这种协议可以达到的下界。协议的构造基于的是无密钥抗多重碰撞（multi-collision resistant）哈希函数的存在性与准多项式安全的 LWE 假设。

尽管目前非交互零知识证明（NIZK）可以基于许多标准困难假设（如带陷门单向置换，二次剩余等）来构造，然而一个重大的公开问题就是 NIZK 是否可以建立在一些最差复杂性假设（如 LWE，SIS 问题）上。这一公开问题直到最近才由 Peikert 等[9] 解决。他们给出了基于 LWE 的两种构造，基本思路是构造基于 SIS/LWE 的互相关困难的（correlation intractability）哈希函数，进而利用 Fiat-Shamir 转化方式将公开掷币的零知识协议转化成公共参考串模型中的非交互零知识协议。

在应用领域，我国学者杨如鹏，欧文浩和徐秋亮等[14] 构造了一种新的基于格的高效零知识论证协议，这个论证协议可以用来证明包括矩阵向量关系与整数关系可满足性在内的在基于格的密码学构造中常见的结构。相比较之前的构造，该构造在保证效率的同时实现了小的可靠性错误（soundness error）。这样的论证系统在格上的隐私保护的原语（构件）的构造中有着重要的应用。目前得到广泛应用的是高效的拥有短证明的 ZKP（NIZK），这类协议往往基于一些非标准的假设。如何缩短证明的长度与提升证明生成以及验证的效率一直是应用领域最关心的问题。在文献［10］中，Bootle 等利用代数技巧给出了一个关于命题：存在一个短的向量 $\vec{s}$ 满足 $A\vec{s} = \vec{u} \bmod q$ 的精确的零知识证明。在文献［11］中，Esgin 等提出了对于非线性多项式关系的基于格的高效 One-shot 证明，并介绍了两种技术手段用来提升基于格的 ZKPs 的效率（更短的证明长度和更小的计算量）：1. 支持"inter-slot"操作的 CRT（中国剩余定理）打包技术；2. NTT（数论转换）友好的环以及带有较大挑战空间的抽取器。

Lai 等[12]引入了子向量承诺（subvector commitment）和线性映射承诺（linear map commitment）并分别给出了相应的构造。然后利用这两个工具构造出了在公开掷币条件下的基于虚二次域的类群上 adaptive root 猜想（可以抵抗运行时间为 2^{128} 的敌手）的大小为 5360 比特的 SNARK。这一结论是目前在相同安全性要求下最短的 SNARK。Xie 等[13]给出了一个证明者计算开销和验证者计算开销都比较小的简洁零知识证明方案"Libra"，这个方案是对 GKR 协议的一个改进，以 sumcheck 协议为核心，将算术电路的输出的正确性一层一层的迭代到输入的正确性上。除了这些将重心放在效率上的 SNARKs，还有一部分工作在关注公共参考串的可靠性。公共参考串模型下的很多方案都需要假设一个"理想的"可信第三方来生成公共参考串，但在实际应用中我们需要弱化对这样的"可信第三方"的依赖。Maller 等[15]给出了一个具有可更新性质的带结构的参考串的 zk-SNARK 方案 Sonic，在这种方案中很多用户都可以对公共参考串进行更新。只要有一个用户是诚实的就可以保证这个协议的安全性，这个方案的公共参考串的长度相对于要证明的关系的长度是线性的。此后在文献［16］中，González 等给出了一个效率更好的所需 CRS 更短的（次线性的）基于 Pairing 的可更新带结构参考串的 zk-SNARK 方案。

在实际应用层面，人们往往会遇到对大批量的断言做证明的情形，在这种情形下聚合器的研究能够很大的提升批量证明的速度。在文献［17］中，Boneh 等给出了一个累加器的聚合器，能够用来构造常数尺寸公共参数长度常数尺寸打开（子向量）长度的向量承诺方案，然后用这样的向量承诺方案构造一个更高效的带谕示器的交互式证明协议（IOP），而 IOP 协议被用在一些 zk-SNARK 方案中，从而提升了这些基于 IOP 的 zk-SNARk 方案的效率。

本节作者：邓燚、张心轩、马顺利、汪海龙（中国科学院信息工程研究所）

参考文献

［1］ Shuoyao Zhao，Yu Yu，Jiang Zhang，Hanlin Liu. Valiant's Universal Circuits Revisited：An Overall Improvement and a Lower Bound. ASIACRYPT（1）2019：401-425.

［2］ Shuai Han，Shengli Liu，Lin Lyu，Dawu Gu. Tight Leakage-Resilient CCA-Security from Quasi-Adaptive Hash Proof System. CRYPTO（2）2019：417-447.

［3］ Nir Bitansky，Iftach Haitner，Ilan Komargodski，Eylon Yogev. Distributional Collision Resistance Beyond One-Way Functions. EUROCRYPT（3）2019：667-695.

［4］ Ran Canetti，Yilei Chen，Justin Holmgren，Alex Lombardi，Guy N. Rothblum，Ron D. Rothblum，Daniel Wichs. Fiat-Shamir：from practice to theory. STOC 2019：1082-1090.

［5］ Nico Döttling，Sanjam Garg，Yuval Ishai，Giulio Malavolta，Tamer Mour，Rafail Ostrovsky. Trapdoor Hash Functions and Their Applications. CRYPTO（3）2019：3-32.

［6］ James Bartusek，Fermi Ma，Mark Zhandry. The Distinction Between Fixed and Random Generators in Group-Based Assumptions. CRYPTO（2）2019：801-830.

［7］ Nir Bitansky，Dakshita Khurana，Omer Paneth. Weak zero-knowledge beyond the black-box barrier. STOC 2019：1091-1102.

［8］ Nir Bitansky，Omer Paneth. On Round Optimal Statistical Zero Knowledge Arguments. CRYPTO（3）2019：128-156.

［9］ Chris Peikert，Sina Shiehian. Noninteractive Zero Knowledge for NP from（Plain）Learning with Errors. CRYPTO（1）2019：89-114.

［10］ Jonathan Bootle，Vadim Lyubashevsky，Gregor Seiler. Algebraic Techniques for Short（er）Exact Lattice-Based Zero-Knowledge Proofs. CRYPTO（1）2019：176-202.

［11］ Muhammed F. Esgin，Ron Steinfeld，Joseph K. Liu，Dongxi Liu. Lattice-Based Zero-Knowledge Proofs：New Techniques for Shorter and Faster Constructions and Applications. CRYPTO（1）2019：115-146.

［12］ Russell W. F. Lai，Giulio Malavolta. Subvector Commitments with Application to Succinct Arguments. CRYPTO（1）2019：530-560.

[13] Tiancheng Xie, Jiaheng Zhang, Yupeng Zhang, Charalampos Papamanthou, Dawn Song. Libra: Succinct Zero-Knowledge Proofs with Optimal Prover Computation. CRYPTO (3) 2019: 733-764.

[14] Rupeng Yang, Man Ho Au, Zhenfei Zhang, Qiuliang Xu, Zuoxia Yu, William Whyte. Efficient Lattice-Based Zero-Knowledge Arguments with Standard Soundness: Construction and Applications. CRYPTO (1) 2019: 147-175.

[15] Mary Maller, Sean Bowe, Markulf Kohlweiss, Sarah Meiklejohn. Sonic: Zero-Knowledge SNARKs from Linear-Size Universal and Updatable Structured Reference Strings. CCS 2019: 2111-2128.

[16] Alonso González, Carla Ràfols. Shorter Pairing-Based Arguments Under Standard Assumptions. ASIACRYPT (3) 2019: 728-757.

[17] Dan Boneh, Benedikt Bünz, Ben Fisch. Batching Techniques for Accumulators with Applications to IOPs and Stateless Blockchains. CRYPTO (1) 2019: 561-586.

4　信息论密码/组合密码

在秘密共享方案（Secret Sharing Scheme）的研究中，子秘密的长度直接影响到方案的存储和通信复杂度，它是影响方案效率的重要参数；敌手攻击能力强弱是方案设计重要的安全性指标。如何兼顾二者是秘密共享方案实用性的重要考量之一。

(t, δ)-鲁棒秘密共享方案（Robust Secret Sharing Scheme）是秘密共享方案的延伸，它解决的是部分子秘密有错误的情况下主秘密正确重构问题，即在敌手至多攻陷 t 个参与者时得不到主秘密的任何信息（t-安全性）。同时，重构结束时重构者得到正确主秘密的概率不小于 $1 - \delta$，并至多允许 t 个错误的子秘密参与重构（t-鲁棒重构性）。此类方案的设计不仅要考虑其 t-安全性和 t-鲁棒重构性，更要突出方案的子秘密长度和敌手攻击能力。假设参与者人数为正整数 n，现有的文献讨论了参数 t 取最大值（即 $n = 2t + 1$）时如何减少认证标签数量和密钥数量，并通过设计巧妙的重构过程，实现（近似）最优子秘密长度的方案设计。Fehr 和 Yuan[1]指出，现有方案的设计仅考虑了较弱敌手攻击的情形，它们不能抵御 rushing 敌手（即敌手能在看到诚实用户子秘密信息后再给出其自己的子秘密)。文献 [1] 运用"验证图"(Verification Graph)的性质,有效地删除了认证秘钥,达到了抵御 rushing 敌手的目的。虽然所得到的方案子秘密长度有所增加,其秘密重构是多项式时间的复杂度,但是与能抵御 rushing 敌手的同类方案比较,文献 [1] 构造的方案中其秘密长度已经有了很大的提高。这为高效、安全的鲁棒秘密共享方案的研究提供了较好的参考思路。

在近 30 年研究中,对利用秘密共享方案实现任意的一般(单调)存取结构(General Access Structure)的众多方案中,秘密共享的子秘密长度介于 $\Omega(n^2/\log_2 n)$ 和 $2^{n-O(\log_2 n)}$ 之间,其中 n 为参与者人数。2018 年,该问题有了突破性进展,Liu 和 Vaikuntanathan 在 STOC2018 的研究工作中,利用秘密条件可恢复(Conditional Disclosure of Secrets,简记 CDS)协议将子秘密长度降至 $O(2^{0.994n})$。Applebaum 等[2]利用组合覆盖设计的理论,给出了一种新的递归构造进一步改进了该界,使得子秘密长度降至 $O(2^{0.8916n+o(n)})$。文献 [2] 中还研究了具有一致授权存取结构的秘密共享方案子秘密长度问题。Liu 和 Vaikuntanathan 的研究工作说明 CDS 协议可以有效地降低子秘密长度,Applebaum 等[2]在已有 CDS 协议的基础上巧妙地增加参与重构人数的数量,达到了降低一致授权结构的秘密共享方案子秘密长度的目的,并以此构造了 ad-hoc 私密信息同步(ad-hoc Private Simultaneous Messages,简记 ad-hoc PSM)协议,这为高效的一般授权结构的秘密共享方案研究提供了思路。

密码学中的许多应用是基于计算困难的假设,如大整数的素数分解,求解 Hash 函数的原像等,这些应用均仅考虑具有有限时间内攻击的敌手情形。在后量子时代,基于计算困难假设的这些方案将不再安全,而基于有界存储模型(bounded storage model)的方案具有无条件安全性,可以抵抗量子攻击。关于有界存储模型,早期的研究主要是利用类似于生日悖论的方法实现抵抗空间有限的敌手。2017 年,Raz 在 FOCS 2017 的研究工作中,给出了学习校验(Learning Parity)的空间下界,并构造了有界存储模型中的私钥加密方案(Secret Key Encryption)。Guan 等[3]发现 Raz 的方案具有加法同态性,将 Raz 的方案转换为公钥加密方案,进而基于该公钥加密方案够造了防窃听敌手的两方密钥协商协议。Guan 等所设计的公钥加密方案具有比特承诺性(Bit Commitment),并利用加密零(encrypt zero)协议构造了比特承诺方案。在此基础上,Guan 等设计了新的不经意传输(Oblivious Transfer,OT)协议,并结合比特承诺方案设计了轮数分别为 1 轮和 2 轮的有界存储模型。相比现有具有 5 轮的有界存储模型，Guan 等的方案有较明显的优势，这为简洁的有界存储模型研究提供了新思路。

私有信息恢复（Private Information Retrieval，简记 PIR）是密码学的经典研究方向之一。在 PIR 方案中，用户指定私有的恢复指数向服务器发送请求，通过服务器的回答恢复服务器储存数据库中相应的数据，而服务器得不到恢复指数的任何信息。根据服务器个数的不同，PIR 方案可分为单服务器和多服务器 PIR 方案。在 $l(l \geq 2)$ 个服务器的 PIR 方案中，允许 b 个服务器不回答的 PIR 方案称之为 (b, l) -稳定的 PIR （(b, l) -robustness PIR）方案，可以纠正 b 个服务器返回错误回答的 PIR 方案称之为 l 服务器 b -纠错的 PIR 方案（b -error correcting l server PIR scheme）。解码效率是 PIR 方案效率的重要指标，而现有的 l 个服务器 b -纠错的 PIR 方案的解码过程，需要用户遍历所有服务器的回答来找到所有正确的回答，导致此类方案的解码效率普遍较低。针对 2007 年 Woodruff 和 Yekhanin[7] 构造的 (b, l) -稳定的 PIR 方案解码效率非常低的问题，文献［4］利用 Reed-Solomon 码的 Berlekamp-Welch 解码算法，将文献［4］中的方案转化为解码代价为 $O(l^3)$ 的 l 服务器 b -纠错的 PIR 方案，显著提高了 l 个服务器的 b -纠错的 PIR 方案的解码效率。该方法对今后构造其他具有高效的解码效率 l 个服务器 b -纠错的 PIR 方案研究提供了参考思路。

不经意储存器（Oblivious RAM，ORAM）是密码学的基础研究问题。如何降低 ORAM 的通信代价和储存代价是 ORAM 研究的两类重要问题。此前关于 ORAM 的研究主要考虑计算意义下安全的 ORAM，即只可以抵抗计算能力有限的敌手。现有的完美安全（Perfect Security）的 ORAM 方案中，在最差情况下的通信荷载（Bandwidth Overhead）是存储数据数量的线性级别。Raskin 和 Simkin[5] 首先运用桶矩阵（Matrix Bucket）的方法构造了现有最简单的具有合理通信荷载的桶矩阵 ORAM，且该 ORAM 具有统计意义下的安全性（Statistical Security）。其次，将所构造的桶矩阵 ORAM 中可以容纳相同数目元素的桶（bucket）替换为仅可以容纳一个元素的细胞，得到了具有完美安全的前向 ORAM（lookahead ORAM）。该前向 ORAM 在最差情况下的通信荷载为储存数据数量的亚线性级别，相应的储存代价是现有完美安全和统计安全的 ORAM 方案中最低的。最后，在用户方的完整位置映射（Full Position Map）被明确储存的前提下，文献［5］构造了不需要花费服务器方任何计算代价且在线通信荷载为常数级别的

ORAM。该文所运用的桶矩阵、细胞矩阵的方法为构造更加高效、完美安全的 ORAM 提供了参考。

作为门限秘密共享方案自然和有效的延伸，多划分秘密共享方案（Multipartite Secret Sharing Scheme）是指具有多划分存取结构（Multipartite Access Structure）的秘密共享方案。在多划分存取结构中，参与者被划分成不同参与者集且在同一个参与者集中的参与者的地位是均等的。在多划分秘密共享的研究中，其核心问题是找到构造理想多划分秘密共享方案有效且具体的方法。按照划分方式的不同，现有的理想多划分秘密共享方案可以分为理想分层秘密共享方案（Ideal Hierarchical Secret Sharing Scheme）和理想分区间秘密共享方案（Ideal Compartmented Secret Sharing Scheme）。针对现有关于理想多划分秘密共享方案的构造效率较低或不具有一般性的问题，构造多划分存取结构的秘密共享方案问题可转化为从该存取结构关联的多面体拟阵（Polymatroids）表示中找到相应的拟阵（Matroids）表示问题。同时，多划分拟阵表示问题可以转化成设计具有特殊非奇异子矩阵的矩阵问题。文献［6］通过设计多项式时间算法构造了满足这个性质一类矩阵，进而给出了新的高效且具体的理想多划分秘密共享方案的构造。文献［6］中的所用到的构造特殊矩阵的方法对构造其他理想多划分秘密共享方案的研究具有重要的参考价值。

本节作者： 林昌露（福建师范大学）

参考文献

［1］ Serge Fehr, Chen Yuan. Towards Optimal Robust Secret Sharing with Security Against a Rushing Adversary. EUROCRYPT (3) 2019：472-499.

［2］ Benny Applebaum, Amos Beimel, Oriol Farràs, Oded Nir, Naty Peter. Secret-Sharing Schemes for General and Uniform Access Structures. EUROCRYPT (3) 2019：441-471.

［3］ Jiaxin Guan, Mark Zhandary. Simple Schemes in the Bounded Storage Model. EUROCRYPT (3) 2019：500-524.

［4］ Kaoru Kurosawa. How to Correct Errors in Multi-server PIR. ASIACRYPT (2) 2019：564-574.

［5］ Michael A. Raskin, Mark Simkin. Perfectly Secure Oblivious RAM with Sublinear Bandwidth Overhead. ASIACRYPT（2）2019：537-563.

［6］ Qi Chen, Chunming Tang, Zhiqiang Lin. Efficient Explicit Constructions of Multi-partite Secret Sharing Schemes. ASIACRYPT（2）2019：505-53.

［7］ David Woodruff, Sergey Yekhani. A Geometric Approach to Information-Theoretic Private Information Retrieval. SIAM J. Comput., 2007, 37（4）：1046-1056.

5　水印

密码水印方案（watermarking）可以在不改变程序基本功能的前提下在程序内嵌入一些信息（称为水印），用来标示程序的来源、使用者等，以达到版权保护、泄漏者追踪等目的。在一个密码水印方案中，存在一个标记算法与一个抽取算法，分别用来给程序嵌入水印和从标记后的程序中抽取水印。如果标记算法（或者抽取算法）不需要秘密信息即可运行，则我们称水印方案支持公开标记（相应地，支持公开抽取）。密码水印方案的安全性要求任何敌手均不能在不破坏程序功能的情况下去掉程序中嵌入的水印。自 2016 年，Cohen 等给出第一个可证安全的密码水印方案以来，密码学界对密码水印进行了大量的研究。然而，目前尚未给出令人满意的构造，已有的方案在安全性，标记对象，以及方案所基于的底层假设等方面进行着折中与平衡。

文献［1］主要关注如何基于标准格假设构造对伪随机函数进行标记的密码水印方案（即水印伪随机函数）。目前，我们并不知道如何基于标准假设构造支持公开抽取的水印伪随机函数，也就是说，我们需要一个中心来对标记过的程序进行抽取。之前基于标准假设构造的水印伪随机函数（Kim and Wu CRYPTO 2017；Quach et al. TCC 2018）或者不允许敌手向中心查询抽取谕言，或者中心可以通过伪随机函数的输出直接获得伪随机函数的密钥，从而完全破坏函数的伪随机性。文献［1］构造了第一个可以同时支持抽取谕言查询，并且可以在一定程度上防止中心对函数的伪随机性进行破坏的水印伪随机函数。具体来说，方案保证，只要中心不能获得函数在某些特定点上的输出，函数的伪随机性仍然保持。为了构造这样的水印伪随机函数，文献［1］提出了可抽取伪随机函数的概念并使用标准格假设对其进行了实例化。

文献［3］同样关注水印伪随机函数的构造，但主要关心如何增强水印伪随机函数的安全性。在之前的水印伪随机函数的安全性定义中，针对同一个程序，攻击者仅能获得对它嵌入了某些水印信息的一个复制。但是，在实际应用中，敌手通常很容易就能够获得对同一个程序嵌入不同信息的多个复制。为了解决这个问题，文献［3］提出了抗合谋水印方案的概念，并构造了第一个抗合谋的水印伪随机函数。方案的构造依赖于一种新的水印嵌入技术，并且需要一个新的密码工具——可穿孔函数加密。方案可以支持公开抽取，但是方案的实现需要不可区分混淆。

文献［2］将目光放到了对公钥方案进行标记的密码水印方案（水印公钥方案）的构造上。这里的主要观察是通过对方案的正确性进行适当的放松，就可以使用已经比较成熟的"叛逆者追踪技术"构造水印公钥方案。具体来说，文献［2］构造了水印签名方案和水印谓词加密方案，方案的构造分别仅依赖于单向函数与普通公钥加密方案的存在性，同时两个方案均可以支持公开抽取，公开标记，以及具有抗合谋性。

本节作者： 区文浩（香港大学），杨如鹏（山东大学）

参考文献

［1］ Sam Kim, David J. Wu. Watermarking PRFs from Lattices：Stronger Security via Extractable PRFs. CRYPTO（3）2019：335-366.

［2］ Rishab Goyal, Sam Kim, Nathan Manohar, Brent Waters, David J. Wu. Watermarking Public-Key Cryptographic Primitives. CRYPTO（3）2019：367-398.

［3］ Rupeng Yang, Man Ho Au, Junzuo Lai, Qiuliang Xu, Zuoxia Yu. Collusion Resistant Watermarking Schemes for Cryptographic Functionalities. ASIACRYPT（1）2019：371-398.

6 差分隐私

文献 [1] 考虑了一种利用差分隐私 shuffling 的协议取代分布式环境下安全多方计算的策略。在分布式环境下，安全多方计算是取代可信数据收集者的常用策略，但计算代价高。所以，文献 [1] 在分布式差分隐私的基础上提出了 shuffled 模型的策略。Shuffled 策略采用了本地差分隐私的基本思想，即分布式系统中每一个用户自行对数据进行随机化（encode），然后整个系统通过一个匿名通道将所有的数据打乱后（shuffle）再发给数据收集者，最后数据收集者对这些数据进行进一步的分析（analyze）。在这个被称为 ESA 的策略中，隐私靠随机化和 shuffle 实现，用户并不需要信任数据收集者，这样达到了安全多方计算的目的，而又不需要付出太大的通信和计算代价。

文献 [1] 在这个基本策略的基础上分析了如何设计随机化和 shuffle，以最大程度保留数据在分析阶段的精确性。首先，在隐私保护方面，整个 ESA 策略是满足 ε, δ -差分隐私的，这个可以在 E 阶段通过本地差分隐私的机制实现。其次，在分析的精确度方面，文献 [1] 采用了常用的 (α, β) -accuracy 的衡量方式，对于某种特定应用的衡量标准 M 来说，ESA 策略只需要满足在使用策略前的衡量标准 M 和使用策略后的 M' 之间的距离小于 α 的概率大于 $1 - \beta$ 就可以。对于此应用，ESA 策略对精确度的影响以非常大的概率小于某个很小的常数。最后，证明了在满足差分隐私的情况下，文献 [1] 提出的策略的样本复杂度大致在 $O(\log_2(1/\delta)/\alpha\varepsilon)$ 界限以下。

文献 [2] 提出了一种基于差分隐私的数据库外包（outsourcing）技术，主要考虑了客户–服务器场景。客户希望把数据库上传到服务器，然后通过访问服务器对数据做各种操作。由于服务器不可信，需要对数据库全部加密后上传服务器。但服务器依旧可以通过观察用户对数据库的各种操猜测加密数据库的特点，并通过这些特点猜测数据库的隐私信息。Oblivious RAM（ORAM）虽然可以解决这个问题，但 ORAM 的定义过于严格，导致处理复杂度太高。所以文献 [2] 利用差分隐私保护对数据库的访问。在差分隐私的定义下，对加密数据库的每一次访问的操作（operation）被认为是隐私，但对于一系列操作群（a sequence of operation）不再看作是隐私。和 ORAM 相比，这个定义相对宽松，但又可以防止服务器通过每一次操作观测数据库的特点。文献 [2] 证明了，在 ORAM 的条件下，一个有 n 条记录的数据集以及有 c 比特的客户，其数据通信的信息带宽最多为 $\Omega(\log_2(n/c))$。在使用 (ε, δ)-差分隐私的条件下，当 $\varepsilon = O(1)$ 和 $\delta < 1/3$ 的条件下是可以达到这个信息带宽的。这篇文章的价值在于提出了一种新的可能：在保证数据库隐私的情况下，通过放松安全的需求从而获取更高的通信信息带宽。

本节作者：朱天清（中国地质大学（武汉））

参考文献

［1］ Albert Cheu，Adam D. Smith，Jonathan Ullman，David Zeber，Maxim Zhilyaev. Distributed Differential Privacy via Shuffling. EUROCRYPT（1）2019：375-403.

［2］ Giuseppe Persiano，Kevin Yeo. Lower Bounds for Differentially Private RAMs. EUROCRYPT（1）2019：404-434.

应用密码

1　区块链

2019 年密码学 3 大会区块链方向的研究热点集中在以下几个方面：（1）共识算法：文献［4］受"羊群效应"社会现象的启发，提出了一种概率共识算法；（2）链下通道：文献［1］提出具有完整性描述的可支持虚拟多方状态通道的设计方法；（3）隐私保护：文献［2］根据 Mimblewimble 匿名密码货币，刻画聚合现金系统的语义描述和安全模型，形式化地证明 Mimblewimble 的安全性，并给出两个具体实例及其安全性证明。文献［3］研究具有隐私属性的权益证明（PoS）协议设计方法，为广泛使用的 PoS 协议提出隐私权益证明（PPoS）协议，并提出了"匿名可验证随机函数"的概念。文献［5］提出了新的匿名密码货币协议——Quisquis，该协议具有可证明匿名安全性并支持删除零金额的账户信息以降低区块链存储代价；4. 其他：文献［6］提出了全面的可分割 e-cash 安全模型，基于约束 RPFs 函数设计了两个具有密钥同态或可委托性的可分割 e-cash 系统。文献［7］提出更为实际的"弱同步"网络模型，分析在新模型下共识协议和安全多方计算的可行性，以及在 0.5-弱同步模型下设计新的拜占庭协议。文献［8］提出了子向量承诺（SVC）和线性映射承诺（LMC）两个概念，并利用它们构造更为简洁的非交互式零知识证明。文献［9］面向密码累加器和未知群阶数的向量承诺提出了新的批处理技术，设计非交互聚合范围证明和批量非成员证明。

智能合约是采用程序代码编写的自动执行协议，将成为区块链技术的主要应用之一。文献［1］指出，以太坊等主流密码货币虽能支持智能合约技术，但其应用受到基本扩展性问题的约束。例如，以太坊合约的单次执行时间至少 15s，说明每秒执行的合约数量非常有限。状态通道网络作为解决上述问题的核心原语之一，能够在低效率、高运行代价的区块链网络中形成第二层网络，以可忽略的代价执行即时的智能合约。文献［1］首次提出了具有完整性描述的状态通道网络设计协议，主要包括以下特性：（1）支持虚拟多方状态通道，无需区块链交互即可创建和关闭状态通道，同时允许任意数量的参与方调用合约；（2）即使是复杂的状态通道，在最坏情况下的时间复杂度仍保持在常数级别。

2016 年，匿名作者结合了机密交易技术、非交互式聚合交易技术、交易输入输出直通式技术提出新的匿名数字货币系统——Mimblewimble。与比特币系统相比，该系统能够在保证公开验证性的情况下删除已花费的货币，有效节省账本存储空间，提高新节点加入系统的效率。文献［2］主要提出了 Mimblewimble 的可证明安全方法，包括以下内容：（1）给出 Mimblewimble 的抽象概念——"聚合货币系统"，包括语义描述和形式化安全定义；（2）形式化地证明了 Mimblewimble 的安全性；（3）证明两个实例（Pedersen 承诺、Schnorr 签名或 BLS 签名）在标准假设下是安全的，说明可抵抗通货膨胀攻击和硬币盗窃攻击。

权益证明（PoS）协议是区块链分布式账本的共识协议，可作为工作量证明（PoW）的替代协议，以解决资源浪费问题。但是，当前的 PoS 协议需要公开权益持有者的的身份和财富，难以兼容 ZCash、门罗币等匿名密码货币的隐私性需求。文献［3］主要研究具有隐私属性的 PoS 协议设计，包括以下内容：（1）构造通用的隐私权益证明（PPoS）协议以及为多种 PoS 协议提供隐私保护，在理论上是可行的；（2）为广泛使用的 PoS 协议提出一种 PPoS 协议——Ouroboros Praos；（3）提出"匿名可验证随机函数"的概念。

状态机复制（SMR）是重要的抽象概念，保证一组节点为日益增长、线性排序的交易日志达成共识。文献［4］希望面向分布式密码货币设计的 SMR 协议能够具备以下性质：（1）抵抗自适应腐化攻击；（2）低带宽和高效共识。但是，已有的 SMR 构造方法均无法满足上述性质。文献［4］受"羊群效应"社会现象的启发，假设人们倾向于做出被认为是社会规范的选择，设计了一种新的共识协议。协议将领导人选举和投票合并成单独的随机化过程：在每一轮中，每个节点投票给它认为当前最受欢迎的被选举节点。虽然这样的投票并非总能成功，但仍具有相当高的成功概率。重要的是，被选择节点投票给 v 的概率与它投票给 v' 的概率无关，其中，$v' \neq v$。文献［4］还论证了所采用的方法不仅可以在密码货币系统未确认交易中达成共识，还能够设计出首个具备以下性质的 SMR 协议：（1）在自适应腐化攻击下，仅需多路广播多项式对数级别的多轮多诚实消息即可确认每批交易；（2）在标准密码假设下进行实现。

早期的比特币和以太币等密码货币所提供的隐私保护仅达到假名级别，未能实现真正的匿名。虽然门罗币和 Zcash 等具有隐私增强的密码货币能够抵抗跟踪分析攻击以实现匿名性，但其未花费货币集合数量始终在增长，意味着用户难以以简洁的方式存储区块链账本。此外，Zcash 需要公共参考字符串、Monero 中地址多次重用等情况导致二者面临匿名性被破坏的威胁。

文献［5］结合基于 DDH 的可更新密钥方法与高效零知识证明协议，提出一种新的匿名密码货币协议——Quisquis。该协议具有以下性质：（1）可证明匿名安全性；（2）存储较少的交易数据；（3）无需可信的系统初始化；（4）每个地址最多出现两次：一次是交易生成时作为交易输出地址，另一次是花费货币时作为交易输入地址。

电子现金（e-cash）是普通现金的数字形式，旨在保护用户隐私。虽然电子现金的可分性非常有用，可实现高效的存储和开支，但其实现难度较大。已有的构造方法需要依赖一种只能在特定环境中实例化的复杂机制，并且它们的安全模型或证明不完善。文献［6］提出了全面的可分割 e-cash 安全模型，研究了具有约束性的伪随机函数（PRFs）之间的联系，基于约束 RPFs 设计了两个具有密钥同态或可委托性的可分割 e-cash 系统，最后在安全模型下形式化地证明它们的安全性。其中，所刻画的安全性主要包括可清算性和防陷害性两点，前者用于保证只有交易的接收者才可以进行存款，后者用于防止诚实的用户被陷害。

同步模型是过去 30 年来在分布式计算和密码学文献中常见的模型之一。在同步模型中，无论诚实节点何时发送消息，诚实接收者均可在有限时延 Δ 内收到消息，此时称协议的最大延迟值为 Δ。该模型可以保证系统的可靠性，在任意数量的恶意节点中仍可实现分布式共识。但同步模型的强假设存在异议，某一诚实节点如果在共识或者多方计算过程中出现宕机，该节点将被认为是腐化节点。可见，在同步模型中被证明安全的共识协议或多方计算协议无法提供一致性和新鲜性。文献［7］首先提出更为实际的"弱同步"网络模型，然后分析在新模型下共识协议和安全多方计算的可行性，最后遵循可靠广播（RBC）→可验证密码共享（VSS）→领袖选举（LE）→拜占庭协议（BA）的设计思路，在 0.5-弱同步模型下设计拜占庭协议。

文献［8］提出子向量承诺（SVC）的概念，允许承诺打开为一组随意选取位置的值，其中，打开承诺的长度与承诺向量的长度和选取位置无关。文献［8］还分别基于变形的根假设和变形的 CDH 假设提出了两种构造方法，并将 SVC 通用化得到线性映射承诺（LMC）的概念。允许在线性映射下将向量承诺打开为它的原像和单个短消息，并基于配对群构造一个 LMC 方案。根据上述概念，文献［8］重新审视了"CS 证明"范式，在随机预言模型下利用 Fiat-Shamir 转换技术可将任意交互式证明转换成非交互式证明。文献［8］还设计了一种编译器使得利用专用 SVCs（或 LMCs）可以将任意 PCP（或线性 PCP）协议转换成非交互式证明。

文献［9］面向密码累加器和未知群阶数的向量承诺提出新的批处理技术，支持分布式场景下无可信累加器管理者的批量累加更新。文献［9］还利用上述技术构造了两种证明：（1）非交互聚合范围证明，其验证过程仅需常数级的群操作；（2）面向大量元素的批量非成员证明，其证明长度为常数级。这些证明可用于设计具有常数级打开值和公共参数的位置向量承诺（VC）方案。作为批量处理技术的核心构建模块，文献［9］在未知阶数群中设计了多个简洁证明系统，这些系统扩展了近年来关于简洁式幂值范围证明的构造方法。另外，采用短长度的无陷门公共参考字符串进行设计以规避 Sigma 协议在上述群中的不可能结果。根据上述累加器和向量承诺构造方法，文献［9］设计无状态区块链，保证节点仅需常数级的存储即可参与共识，并利用上述技术减少 STARKs 等交互式证明的证明长度。

本节作者：何德彪（武汉大学）

参考文献

［1］ Stefan Dziembowski, Lisa Eckey, Sebastian Faust, Julia Hesse, Kristina Hostáková. Multi-party Virtual State Channels. EUROCRYPT（1）2019：625-656.

［2］ Georg Fuchsbauer, Michele Orrù, Yannick Seurin. Aggregate Cash Systems：A Cryptographic Investigation of Mimblewimble. EUROCRYPT（1）2019：657-689.

［3］ Chaya Ganesh, Claudio Orlandi, Daniel Tschudi. Proof-of-Stake Protocols for Privacy-Aware Blockchains. EUROCRYPT（1）2019：690-719.

［4］ T.-H.Hubert Chan, Rafael Pass, Elaine Shi. Consensus Through Herding. EUROCRYPT（1）2019：720-749.

［5］ Prastudy Fauzi, Sarah Meiklejohn, Rebekah Mercer, Claudio Orlandi. Quisquis：A New Design for Anonymous Cryptocurrencies. ASIACRYPT（1）2019：649-678.

［6］ Florian Bourse, David Pointcheval, Olivier Sanders. Divisible E-Cash from Constrained Pseudo-Random Functions. ASIACRYPT（1）2019：679-708.

［7］ Yue Guo, Rafael Pass, Elaine Shi. Synchronous, with a Chance of Partition Tolerance. CRYPTO（1）2019：499-529.

［8］ Russell W.F.Lai, Giulio Malavolta. Subvector Commitments with Application to Succinct Arguments. CRYPTO（1）2019：530-560.

［9］ Dan Boneh, Benedikt Bünz, Ben Fisch. Batching Techniques for Accumulators with Applications to IOPs and Stateless Blockchains. CRYPTO（1）2019：561-586.

2　可搜索加密

在基于云的数据外包存储领域，如何提升存储数据的安全性并保证可用性一直是研究热点。围绕这个问题，几十年来的研究提出了许多密码方案，如可搜索对称加密（Searchable Symmetric Encryption，SSE）、不经意随机访问机（Oblivious Random Access Machine，ORAM）和私有信息获取（Private Information Retrieval，PIR）等。在这些密码方案中，安全性与功能性始终是关注的焦点。

在文献［1］中，Kamara 等探讨了结构化加密中的泄漏信息保护问题。结构化加密是一种在加密数据后，加密的数据仍然能够保持响应用户请求能力的加密体制，最常见的结构化加密方案是 SSE，它支持用户对密文进行加密关键字检索。在结构化加密中，用户对密文的请求会造成泄露，这些泄露的信息很有可能被攻击者利用来获取用户的敏感信息。因此，减少结构化加密体制在使用中的信息泄露是一个重要的研究点。在以 SSE 为代表的传统构造中，普遍采用的方法是定义多个泄露函数，并将结构化加密在运行过程中所允许泄露的信息限制在一个尽可能小的范围中，即从源头上阻止信息泄露。

另外，Kamara 等给出了一个不同的处理信息泄露的方式，即允许信息泄露，但是通过密码学方法保证泄露的信息计算不可区分。这样，攻击者也没有办法从信息泄露中获取到有用的信息。根据这个思路，Kamara 分别使用伪随机函数与二分图数据结构，构造了两个不同的能够隐藏返回数据大小的加密多重映射（multi-map）。其中，第一个方案使用伪随机函数的值决定多重映射中每个标签对应的数据个数。当伪随机函数的值大于原始数据个数时，向其添加虚假数据；当伪随机函数的值小于原始数据个数时，直接对原始数据进行截断。通过这种方式，攻击者无法知道每个标签所对应的真实数据数量，达到隐藏返回数据大小的目的。这种方式的效率很高，避免添加太多的虚假数据导致存储空间浪费，然而它的缺点也很明显，即会造成数据的丢失。因此，为了克服这个缺点，进一步提出了基于二分图的构造方法。在基于二分图的构造中，核心思想是让多个标签共享数据（包括真实数据和虚假数据）。具体做法是将多个独立数据值保存在一个存储单元中，然后每个标签指向多个存储单元。这样一来，每个标签所指向的存储单元都有所交叉，当用户在取回一个标签所对应的所有存储单元时，攻击者也无法猜测出用户所取的数据中真正有用的数据个数。这种构造方式具有数据内容无损耗的特点，且存储空间复杂度明显低于简单填充方法。

最后，还提出了让这两种多值映射支持动态性的方法，然而目前这种方法只支持粗粒度的更新，即每次更新，都是针对整个存储单元进行的，开销过大。未来的研究方向是实现结构化加密更多样泄露的隐藏，以及实现隐藏泄露情况下的细粒度更新。

在文献［2］中，Asharov 等探讨了 ORAM 的局部性问题。密码算法的局部性问题探讨是在 2014 年由 Cash 等在 SSE 领域发起的，其主要思路是将可能被用户同时请求的加密数据存储在磁盘的同一区域，使得服务器在执行用户请求时，硬盘以连续读写方式工作，达到减少磁盘的磁头移动时间，加快密码算法执行的目的。ORAM 中的局部性是通过将逻辑上连续的加密内存块存储在一起，以加快服务器磁盘处理用户数据获取请求的速度。为了实现这一点，Asharov 等采用了范围二叉树这一数据结构，其特点是每一个父节点中都保存它两个子节点所保存的内容，最底层的叶子结点只保存一个内存块，且是根据其保存数据的逻辑地址大小从左至右排列的。如此一来，用户在获取某连续地址范围所对应的内存块时，仅需要获取所需要的中间节点即可。同时，为了支持 ORAM 的更新操作, 作者使用了 Bitonic 不经意排序算法, 此排序算法具有保持数据局部性的特点。然而, Bitonic 在运行过程需要使用两块硬盘, 因此这也引发了一个问题——是否可以仅用一块硬盘实现具有较高局部性的 ORAM 方案。在未来的工作中, 除了硬盘数量的问题之外, 具有局部性的 ORAM 构造中需要关注的问题还包括可并行化访问的局部性 ORAM、如何设计支持多样化请求的局部性 ORAM 如何设计等。

在文献［3］中, Hamlin 等研究了具有匿名性的隐私数据访问问题。对于传统的方案, PIR 支持多客户端对指定数据库的匿名与隐私访问, 但是其服务器运行时间与数据库的规模线性相关。ORAM 可以实现在服务器运行时间与数据库规模呈对数多项式相关的情况下, 实现对数据的匿名与隐私访问。然而 ORAM 需要每个客户端都针对自己的私钥运行一个初始化过程, 以生成自己的本地状态。Hamlin 等要解决的问题是如何在避免服务器对所有数据进行扫描, 以及客户端无需执行复杂初始化过程的情况下, 实现多客户端访问数据的匿名性与隐私性, 实现匿名的隐私数据访问。为实现这一点, 首先通过本地可解码编码（Local Decodable Codes, LDC）、对称加密算法与伪随机置换（Pseudorandom Permutation, PRP）实现了请求长度有上限的匿名与隐私的数据访问体制; 接着通过全同态加密算法实现了数据的公开可写入; 最后通过引入时隙与分层更新机制, 实现了请求长度无上限的匿名与隐私数据访问体制及其公开可写入机制。

本节作者: 徐鹏、王蔚、陈天阳（华中科技大学）

参考文献

［1］ Seny Kamara, Tarik Moataz. Computationally Volume‐Hiding Structured Encryption. EUROCRYPT（2）2019: 183‐213.

［2］ Gilad Asharov, T.‐H. Hubert Chan, Kartik Nayak, Rafael Pass, Ling Ren, Elaine Shi. Locality‐Preserving Oblivious RAM. EUROCRYPT（2）2019: 214‐243.

［3］ Ariel Hamlin, Rafail Ostrovsky, Mor Weiss, Daniel Wichs. Private Anonymous Data Access. EUROCRYPT（2）2019: 244‐273.

3 同态密码

文献［1］中设计了一种直接加密矩阵的层次型全同态加密方案，该方案被用于有限自动机模型下的同态计算。与之前针对有限自动机模型设计的矩阵全同态加密方案相比，本文提出的方案效率更高，实际运行效率比 2015 年 Hiromasa 等在 PKC 密会提出的矩阵同态加密方案要快 3 倍。文中提出的方案设计思想类似于 2015 年的工作，但方案的安全性不能依赖于标准的 LWE 假设，而是依赖于 NTRU 假设的一个变体，这相当于带有额外线索的 LWE 假设。此外，本文的作者还设计了一种把正则表达式变成有限自动机的编码方法，并进行了优化，使得对于给定的正则表达式，编码成的有限自动机的状态数量尽可能少。

文献［2］以 Chillotti 等在 2016 年亚密会上构造的全同态加密方案为基础，结合 Mukherjee 等在 2016 年欧密会上提出的多密钥全同态加密的构造思想，通过将后者工作中的重加密方案扩展到多密钥的情形，得到了一个更高效的多密钥全同态加密方案。该文献解决的关键问题就是如何设计单个参与方的密文与多密钥同态加密密文之间的乘法。文中提出了 2 个方法：第 1 个方法是对 2016 年 Mukherjee 等方法的改进；第 2 种是全新的方法，在存储空间占用、计算复杂性和噪声增长控制方面都有优势。与之前的工作相比，本文的工作在渐近复杂度和具体效率方面都更高效。密文长度和单门计算复杂度与参与方数量分别呈线性和二次关系。

文献［3］中提出了一种对同态加密的数据进行比较的新方法。之前的工作都是把比较函数以及最大最小函数表示成布尔电路，输入数据也是逐比特加密的，导致效率较低，而本文的算法采用的是逐字加密的方式。本文的创新之处在于设计了一种迭代的方法，并用多项式表达最大最小和比较函数，计算效率是（准）线性的，而之前的方案是亚指数复杂度的，计算效率达到了最优。本文设计的同态比较算法还可以用来实现同态计算最大的 k 个数以及门限计数问题。

文献［4］中阐述了时间锁难题的弊端，即对多个难题所嵌入的相应秘密进行某个函数计算之前，需要先把这些难题都解决才行。针对上述弊端，本文提出了一个新的概念——同态时间锁难题。这个概念是时间锁难题的一个增强版本，允许任何人对一些难题的集合进行同态计算，得到的结果难题所嵌入的信息正好是上述难题对应秘密信息的函数值，能够极大的基于降低时间锁难题的协议计算代价。文章以 Rivest 等在 1996 年的一篇技术报告里提出的时间锁难题为基础，结合 Paillier 加密方案的设计思想，构造了支持加法同态的时间锁难题。对上述加法同态的时间锁难题进行适当变形后得到了支持乘法同态的时间锁难题。此外，本文还借鉴使用混淆来构造全同态加密的思想，并使用概率混淆构造了全同态时间锁难题。最后，提出了几个应用场景——电子投票、多方掷硬币、封闭投标式拍卖以及多方合同签署。

文献［5］中设计了针对随机存储器（RAMs）的全同态加密方案（RAM-FHE）。它是一种公钥加密方案，使得在给定一个大数据库 D 的密文情况下，任何人都能够计算 $P(D)$ 的密文，其中 P 是任意的 RAM 程序。另外，要求同态计算的时间要尽可能接近程序 P 最坏情况下的运行时间。RAM-FHE 设计的一个关键难点在于如何隐藏程序 P 执行过程中所访问的内存地址序列。并指出，构造 RAM-FHE 的必要前提是构造可绕回的不经意 RAM，并给出了一个构造。使用上述工具，结合虚拟黑盒混淆，给出了 RAM-FHE 的一个构造。

文献［6］中考虑如下的密码学应用场景：允许不可信第三方使用一些额外的辅助信息将一个密钥下的密文转换到另外一个密钥下的密文，并保证被加密的相应数据不被泄露。实现这种功能的密码学原语目前有：密钥同态的伪随机函数、可更新加密以及代理重加密。这些原语有两个共同特征：（1）都使用了带有结构特征或者额外功能的秘密信息；（2）满足足够强安全性的所有构造都是基于具体的公钥假设，例如 DDH 和 LWE 等。本文的贡献在于，作者证明了上述这些原语能由伪随机函数等对称密码构造的可能性不大。另外，本文还证明了在量子计算机存在的情况下，阿贝尔群上的无界密钥同态的弱伪随机函数是不存在的。

文献［7］中考虑了同态秘密分享方案的构造。同态秘密分享方案是全同态加密方案在秘密分享环境下的一种类比物，其应用主要有简洁的多方安全计算以及远程数据库的隐私操作等。当前基于格的相应构造都需要用到门限或者多密钥全同态加密。本文的贡献在于第一次直接基于格上的一般加密方案构造了两方同态秘密共享方案。本文中使用了一种新型的分布式解密过程实现同态乘法，同时利用了格基密码系统的一些性质和一些新的技巧。本文所设计的方案支持超多项式大小的明文空间和可忽略的错误率，份额大小与同态加密的密文大小类似，但是同态乘法的计算效率比后者要高一个数量级。

文献［8］中对 Cheon 等在欧密会 2018 中提出的针对近似算术的同态加密方案的重加密过程进行了优化，运行效率提高了 2 个数量级。在本文中，作者使用了一种层次坍塌技术来同态计算离散傅里叶变换类型的线性转换过程。同时，对于过程中用到的正弦函数，他们使用更精确的切比雪夫近似来替代泰勒近似，并且设计了一种改进算法来快速同态计算密文上的切比雪夫多项式。

文献［9］中考虑从带有某些特殊性质代数结构的最基础的密码学原语来构造更高级密码学原语的可能性。在本文中，作者考虑了 3 种最基础的密码学原语：（1）单向函数；（2）弱的不可预测函数；（3）弱的伪随机函数。代数结构考虑的是从输入空间到输出空间的群同态。作者证明了以下结果：（1）（受限的）同态单向函数蕴含着抗碰撞哈希函数、Schnorr 类型的签名以及 Chameleon 哈希函数；（2）（受限的）输入同态的弱不可预测函数蕴含着 CPA 安全的公钥加密、非交互密钥交换、陷门函数、盲化的批处理加密、CCA2 安全的确定性加密以及带有线索的伪随机数生成器；（3）（受限的）输入同态的弱伪随机函数蕴含着私有信息抽取、有损陷门函数、不经意传输以及多方安全计算。

本节作者：王彪（山东省计算中心）

参考文献

［1］Nicholas Genise，Craig Gentry，Shai Halevi，Baiyu Li，Daniele Micciancio. Homomorphic Encryption for Finite Automata. ASIACRYPT（2）2019：473-502.

［2］Hao Chen，Ilaria Chillotti，Yongsoo Song. Multi-Key Homomophic Encryption from TFHE. ASIACRYPT（2）2019：446-472.

［3］Jung Hee Cheon，Dongwoo Kim，Duhyeong Kim，Hun-Hee Lee，Keewoo Lee. Numerical Method for Comparison on Homomorphically Encrypted Numbers. ASIACRYPT（2）2019：415-445.

［4］Giulio Malavolta，Sri Aravinda Krishnan Thyagarajan. Homomorphic Time-Lock

Puzzles and Applications. CRYPTO（1）2019：620-649.

［5］Ariel Hamlin, Justin Holmgren, Mor Weiss, Daniel Wichs. On the Plausibility of Fully Homomorphic Encryption for RAMs. CRYPTO（1）2019：589-619.

［6］Navid Alamati, Hart Montgomery, Sikhar Patranabis. Symmetric Primitives with Structured Secrets. CRYPTO（1）2019：650-679.

［7］Elette Boyle, Lisa Kohl, Peter Scholl. Homomorphic Secret Sharing from Lattices Without FHE. EUROCRYPT（2）2019：3-33.

［8］Hao Chen, Ilaria Chillotti, Yongsoo Song. Improved Bootstrapping for Approximate Homomorphic Encryption. EUROCRYPT（2）2019：34-54.

［9］Navid Alamati, Hart Montgomery, Sikhar Patranabis, Arnab Roy. Minicrypt Primitives with Algebraic Structure and Applications. EUROCRYPT（2）2019：55-82.

4　密码标准

NIST SP 800-90A 是美国 NIST 的确定性随机数发生器（Deterministic Random Bit Generator，DRBG）标准。现有版本包括了 3 种结构：HASH-DRBG，HMAC-DRBG 和 CTR-DRBG。文献［1］中分析了 3 种 DRBG 的安全性。DRBG 包含三个步骤，分别是初始化（setup），生成随机数（next）和状态更新（refresh）。首先，NIST SP 800-90A 的 DRBG 在 next 步骤的输出长度是可变的，目前研究的 DRBG 输出是定长的。NIST SP 800-90A 的 DRBG 输入除了种子之外还包括可选输入（例如时间戳，设备 ID 等），而目前研究的 DRBG 模型的输入参数是固定的。分析表明：如果包括可选输入，HASH-DRBG 和 HMAC-DRBG 都满足前向安全性和后向不可预测性；但是，如果没有可选输入，HMAC-DRBG 不满足前向安全性。此外，由于 NIST SP 800-90A 的 DRBG 的 next 步骤输出长度可变，在 next 步骤过程中，可能会重复多次调用 HASH 函数、HMAC 函数或 AES 函数。如果上述过程被攻击者掌握，则会影响到安全性。

文献［2］中改进了 Durak and Vaudenay 对 NIST Format-Preserving Encryption（FPE）标准 FF3 的攻击，将在域 $Z_N \times Z_N$ 上运行的时间复杂度从 $O(N^5)$ 降低到 $O(N^{17/6})$。具体的，原有 DV 攻击需要 2^{50} 操作来恢复 6 位 PIN，而本文攻击只需要 2^{30}

操作。

　　TLS 1.3 0-RTT 模式允许客户端重新连接到服务器，以"0-RTT 零往返时间"的方式发送加密应用层数据、不需要握手过程。TLS 1.3 0-RTT 模式要求服务器在接收到客户端的消息时重建前一会话的密码套件，称为会话恢复 Session Resumption。目前实现会话恢复的两种机制是 Session Cache 和 Session Ticket：Session Cache 要求服务器存储大量的用户数据，服务器的存储代价高，Session Ticket 要求服务器使用长期对称密钥来加密 Resumption Secret、创建 Session Ticket 并有客户端存储，Session Ticket 不能保证前向安全、有重放攻击缺陷。

　　针对上述问题，文献［3］中提出了基于 Session Ticket 的改进方案，通过引入 Puncturable 伪随机数函数（PPRF）来保证前向安全性和抗重放。文中给出了 PPRF 的两种构造，分别是：基于 strong RSA assumption 的 PPRF（sRSA-based PPRF），利用域扩展思想、扩展了基于 GMM-style 二叉树的 PPRF（Tree-based PPRF）。

本节作者：林璟锵（中国科学院信息工程研究所）

参考文献

　　［1］ Joanne Woodage, Dan Shumow. An Analysis of NIST SP 800-90A. EUROCRYPT （2） 2019：151-180.

　　［2］ Viet Tung Hoang, David Miller, Ni Trieu. Attacks only Get Better：How to Break FF3 on Large Domains. EUROCRYPT （2） 2019：85-116.

　　［3］ Nimrod Aviram, Kai Gellert, Tibor Jager. Session Resumption Protocols and Efficient Forward Security for TLS 1.3 0-RTT. EUROCRYPT （2） 2019：117-150.

5　存储证明

　　云存储环境下，用户最关心的问题是远程存储的数据是否被完整保存并能随时随地下载使用。Juels 和 Kaliski[1] 于 2007 年提出了数据可收回证明机制（Proof of Retrivability，PoR），用于实现远程数据完整性审计。具体来讲，用户将数据外包存储到云服务器的同时，本地保存少量用于数据验证的信息。用户和服务器执行挑战-响应式数据审计协议来验证服务器是否真实地存储数据并保证数据可以被用户取回。进一步地，考虑分布式数据多副本存储场景。即用户将多个数据副本存储在不同的云服务器中，即使在所有服务器被敌手控制的情形下，用户仍然能够验证所有副本是否被真实存储。需要指出的是，尽管 PoR 能够验证单个服务器中数据的完整性，然而其无法抵抗服务器合谋攻击。也就是说，敌手仅仅存储单一数据副本也能够通过全部完整性验证。

为了解决分布式环境下数据多副本存储完整性验证问题，一种容易想到的方法是采用传统 IND-CPA 加密方法对每个副本进行加密操作，敌手无法区分不同消息的密文，从而不得不存储全部副本（以便成功通过用户验证）。然而，多副本存储场景中要求数据在多个用户间共享，因此，数据拥有者将加密密钥共享给其他用户，当个别用户与敌手勾结时，该方案就失效了。可以看出，无须用户存储秘密信息的解决方案在实际应用中更加可行。

2017 年，多副本存储证明（Proof of Replication，PoRep）[2] 的概念被首次提出，其基本思想是数据上传之前进行（较为耗时的）编码运算，而数据解码运算相对高效。当敌手未保存编码数据时，不得不在响应用户验证请求时执行数据编码操作，从而使得用户能够根据响应时间差来进行区分。即 PoRep 是基于时限（time-bounded）的多副本存储证明方法，它要求编码运算足够复杂，以至于拥有强大计算资源的（恶意的）服务器也无法快速完成。然而，敌手的真实计算能力取决于其硬件水平，从而使得系统参数选择变得困难。需要指出的是，太过复杂的参数设置将会大大增加合法用户的计算开销。

文献 [3] 对现有基于时限模型的 PoRep 方案进行了深入分析，恶意服务器能够通过实时编码运算成功攻击的本质原因是采用了公开的确定性编码方法，从而使得计算能力强大的服务器可以加速编码运算。因此，本文创新性地提出基于随机化编码的 PoRep 方案。具体来讲，所提出的构造数据副本进行（随机化）加盐操作，然后采用单向陷门置换对数据进行处理。最后采用传统 PoR 对上述数据副本进行编码。容易看出，各个数据副本被独立进行编码但是每一个都可以恢复出原始数据，在没有副本私钥的情形下，任何敌手难以完成编码工作，从而保证服务器只有忠实存储全部（编码过的）副本才能够通过用户验证。

注意到文献［3］提出的 PoRep 方案中假设用户是诚实的。一般意义上来讲，这个假设是合理的，用户要确保外包数据能够被完整取回。然而，当被应用于密码货币场景（如 Filecoin）中时，恶意用户可能将其陷门置换密钥共享给敌手，从而使得计算能力强大的敌手能够进行快速重编码操作。因此，考虑恶意用户场景下，如何设计最佳数据编码方式实现多副本可验证存储是个值得进一步研究的方向。此外，本文提出的 PoRep 方案中，数据副本编码轮数与副本个数相关，是否存在数据编码方式与副本数量无关的 PoRep 方案仍然是一个公开问题。

1992 年，Dwork 和 Naor[4]于美密会上首次提出工作量证明（Proofs of Work，PoW）的概念用于解决垃圾邮件判别。其基本思想是邮件发送者必须执行某种计算复杂但验证容易的计算任务（比如，单向函数求逆等），增加垃圾邮件发送开销，从而达到减少垃圾邮件数量的目的。最近，随着以比特币为代表的密码货币的兴起，PoW 被用于解决比特币系统中的双重花费问题（double spending），成为区块链系统的主流共识机制之一。它要求每个矿工（miner）真实地计算哈希函数原像，以此解决去中心化分布式账本一致性问题，也就是实现记账权的结果判定。然而，PoW 机制存在如下不足：（1）资源消耗大，PoW 是一种能源集约型算法，完成证明所需要的计算资源与工作量呈线性增长关系；（2）某些参与者可能使用专用硬件设备（矿机）来加速完成 PoW 计算任务，从而使得选择"合适的"参数变得较为棘手。

为了解决 PoW 共识机制资源消耗大等问题，Dziembowski 等[5]提出了一种新的共识算法–空间证明（Proofs of Space，PoS）。其本质是采用存储空间代替计算资源的方式来完成证明，大大节省资源。PoS 是由初始化阶段和执行阶段两部分组成的 2-段式交互协议。具体来说，(N_0, N_1, T) -PoS 协议中，示证者在初始化阶段结束后需要存储的数据量为 N_0，而在执行阶段需要的存储量为 N_1 并且运行时间至多为 T。需要指出的是，整个协议中，验证者均能高效完成。尽管 PoS 有效解决了 PoW 资源消耗问题，然而考虑到空间是可以重用的，PoS 存在如下不足之处：（1）基于相同数量的存储资源，（恶意的）验证者能够生成任意数量不同证据，从而使得分摊存储开销变得很小。（2）在理性存储证明（rationally stored proofs）模型中，当存储数据的开销大于重复初始化算法时，理性示证者倾向于花费计算资源，从而使得 PoS 的资源消耗与 PoW 一致。

在分析 PoW 和 PoS 共识算法的基础上，文献［6］提出了基于时空证明的共识算法（Proofs of Space-Time, PoST）。具体来说，PoST 协议中，示证者要向验证者证明其花费了一定时空资源，即在一段时间内真实地存储数据。与 PoS 一样，PoST 由初始阶段与执行阶段组成，不同的是 PoST 默认计算资源与时空资源并存，一份存储资源等价于 r 份计算资源开销，理性节点可以自行选择资源配比。在 (w, m, ε, f) -PoST 协议中，w 是初始化阶段示证者需要消耗的计算量，m 是初始化至执行阶段期间诚实的示证者需要消耗的存储量，ε 是工作量中存储开销的占比下界，f 是协议的完备性系数，当示证者选择仅使用存储开销时 f 有最大值。相比于 PoW 和 PoS，PoST 具有以下突出优势：（1）采用理性存储证明模型，允许示证者在计算资源和时空资源之间进行自由组合；（2）PoST 支持增量式（共识）难度调整，用户可以通过花费微小代价完成难度等级调整；（3）基于 PoST 设计的密码货币系统支持基于市场的参数调整方式，即根据计算和存储资源的价格，通过对 r 的设置自动增加难度。

需要指出的是，PoST 协议中示证者必须读取整个数据来生成证据，从而导致计算复杂度更高。因此，如何借鉴 PoS 协议，设计支持快速证据生成和可调整难度的新型 PoST 构造是一个值得研究的方向。此外，快速证据生成且难度可递增调整的共识机制是否存在仍然是一个值得关注的公开问题。

本节作者：王剑锋（西安电子科技大学）

参考文献

［1］ Ari Juels, Burton S. Kaliski Jr. . Pors：proofs of retrievability for large files. ACM Conference on Computer and Communications Security 2007：584-597.

［2］ Protocol Labs. Filecoin：a decentralized storage network（2017）. https：// file-coin. io/filecoin. pdf.

［3］ Ivan Damgård, Chaya Ganesh, Claudio Orlandi. Proofs of Replicated Storage Without Timing Assumptions. CRYPTO（1）2019：355-380.

［4］ Cynthia Dwork, Moni Naor. Pricing via Processing or Combatting Junk Mail. CRYPTO 1992：139-147.

［5］ Stefan Dziembowski, Sebastian Faust, Vladimir Kolmogorov, Krzysztof Pietrzak. Proofs of Space. CRYPTO (2) 2015：585-605.

［6］Tal Moran，Ilan Orlov. Simple Proofs of Space-Time and Rational Proofs of Storage. CRYPTO (1) 2019：381-409.

6 抗泄露/侧信道

随着侧信道攻击技术的出现与发展，信息泄露对密码方案的安全性带来了很大的威胁。一个首要的研究课题就是建立合理的泄露模型，泄露模型主要分为噪声泄露模型（noisy leakage model）和探针模型（probing model）这两大类。相比于探针模型，噪声泄露模型与真实世界的泄露情况更为接近。

在文献［1］中，Prest 等提出了两种新的噪声泄露模型。为此他们引入了两种新的度量，即相对错误（Relative Error，RE）和平均相对错误（Average Relative Error，ARE），用于刻画秘密信息在存在泄露情况下的条件分布与其在无泄露情况下分布之间的相对距离，并由此提出了 RE-噪声泄露模型和 ARE-噪声泄露模型。文献［1］中使用这两种新型噪声泄露模型作为重要工具，将已有泄露模型与新提出的泄密模型做了统一，即模型之间可相互规约。特别地，通过使用 ARE-噪声泄露模型，Prest 等给出了从噪声泄露模型到探针模型的更为紧致的规约。Prest 等还利用 Rényi 散度作为重要工具，直接在 RE-噪声泄露模型上实现了具有更好参数的电路编译器（其参数与泄露比特数相关、而与安全参数无关）。

为了分析信息泄露，另一个重要的研究问题是对如何判断选用的泄露模型是否准确刻画了真实世界中密码硬件的泄露情况，即"泄露认证"（leakage certification）这一问题。已有工作中仅能对这一问题做出定性地判断，而无法对泄露模型与真实泄露之间的差距给出定量分析。在文献［2］中，Bronchain 等使用感知信息（Perceived Information，PI）和假设信息（Hypothetical Information，HI）这两个易于测量的信息值作为定量分析工具，给出了真实泄露的相互信息（Mutual Information，MI）这一不可观测信息值的上下界。简单而言，Bronchain 等证明了 HI 为 MI 的上界、PI 为 MI 的下界。利用 HI 和 PI 两者之差，文献［2］首次给出了泄露认证这一问题的定量分析。

除了信息泄露，密钥重用也会对密码方案的安全性带来灾难性的影响。如何在密钥重用场景下设计安全的密码方案、以及如何对密码方案在密钥重用情况下的安全性进行衡量，是这一领域的重要课题。目前，学术界对密钥重用的研究很有限，仅仅局限于几个特定的场景，例如同一密钥同时用于签名方案和加密方案等具体方案。而在现实中，密钥重用的方式往往会与安全模型刻画的出现偏差。

在文献 [3] 中，Patton 和 Shrimpton 针对密钥重用这一问题，建立了一套系统性的安全模型建立和安全性分析工具。他们将密钥重用的安全模型抽象成两个部分：用游戏（game）刻画所考虑的方案及所希望达到的安全性，用接口（interface）刻画密钥重用的方式（例如，攻击者通过调用软件或硬件平台的 API 实现密钥重用）。利用这套工具，文献 [3] 定义了抗暴露接口攻击安全性（security under exposed interface attack）这一抵抗密钥重用的安全模型。在理论层面，文献 [3] 建立了"传统安全性 + GAP1 安全性 => 抗暴露接口攻击安全性"这一组合定理。在实际应用层面，文献 [3] 提出了"环境区分"（context separability）这一重要的方案设计和使用上的指导原则，即将"环境"这一重要因素作为参数提供给方案的算法和接口。例如，签名算法在签名时，不仅对消息进行签名，还对环境（包括使用的签名算法名称、签名算法版本、签名者等信息）进行签名。在难以做到"密钥区分"（不同场景、不同方案使用不同的密钥）的时候，尽量使用"环境区分"来避免密钥重用带来的安全问题。

文献 [1] 提出了两类新的噪声泄露模型，并由此对已有泄露模型和编译器之间做了更加紧致、参数更好的安全规约和模型统一；文献 [2] 研究了泄露认证这一问题，给出了衡量泄露模型与真实泄露之间差距的定量分析工具；文献 [3] 则提出了密钥重用场景下的通用安全模型建立与安全性分析工具，并指出了"环境区分"这一重要原则。三篇论文对信息泄露与密钥重用的模型建立做出了奠基性的工作，对抗密钥泄露和抗密钥重用密码方案的设计有很好的指导意义。

在抗泄露密码领域中，一个重要课题是研究如何在有部分信息泄露的情况下，保证计算任务能够安全地完成。在文献 [4] 中，Bogdanov 等研究了抗泄露的通用电路编译器（Leakage-Resilient Circuit Compiler，LR-CC）的设计：将任一电路转换成为一个新的电路，使其可以抵抗一定程度的关于电路中电线值的泄露。

早期的研究工作中，可抵抗持续泄露的电路编译器要么依赖于无泄漏的可信硬件组件（即假设完美无泄露的硬件组件）、要么基于不可证明的计算性猜想。在文献 [4]

中，Bogdanov 等首次设计了可抵抗 AC^0 复杂度持续泄露（即泄露函数属于 AC^0）的无条件安全电路编译器。该编译器的构造使用了局部采样器作为重要工具，逐一处理电路的加法门和乘法门，最终达到既不依赖可信无泄漏硬件、也不依赖计算性假设的无条件安全。

抗泄露密码领域中的另一个重要课题是设计可抵抗关于私钥部分信息泄露的公钥加密方案（Leakage-Resilient Public-Key Encryption，LR-PKE）。目前，实现抗泄露公钥加密方案主要有两种途径：第一种使用了 Naor-Yung 两把钥匙+非交互零知识证明（NIZK）的技术；第二种使用了 Cramer-Shoup 哈希证明系统的技术。前者使用效率较低的 NIZK，将 CPA 安全的 LR-PKE 转化为 CCA 安全的 LR-PKE，得到的方案效率也较低。后者使用了较为高效的哈希证明系统，但是由于哈希证明系统的 universal$_2$ 性质难以同时处理多个挑战密文，因此安全性规约在多密文场景下有较大的安全损失。在文献［5］中，韩帅等提出了准动态哈希证明系统的概念，为其定义了两个新型统计性质，并由此设计了高效的、（安全损失较小的）紧致规约安全 LR-CCA 安全的 PKE。特别地，文献［5］中基于 SXDH 困难假设实例化得到的公钥加密方案，相比于已有工作，公钥大小缩短了 10 倍、密文大小缩短了 100 倍。

文献［4］研究了抗泄露通用电路编译器的构造，去除了已有工作中使用的较强假设；文献［5］研究了抗泄露紧致规约公钥加密方案的设计，性能较已有工作有较大提升。两篇论文都对抗泄露密码领域中的方案设计做出了很好的改进，对抗泄露密码领域的发展提供了一些积极因素。

2018 年，Goyal 和 Kumar 对传统秘密共享（Secret Sharing，SS）的安全性进行增强，提出了抗泄露秘密共享（Leakage-Resilient SS，LR-SS）和非延展秘密共享（Non-Malleable SS，NM-SS）的概念。LR-SS 可以抵抗关于秘密分片一定程度的信息泄露，而 NM-SS 则可以抵抗对秘密分片一定程度的篡改。

秘密共享有几个核心指标：（1）信息率，即秘密比特长度/分片比特长度，该指标衡量了方案的性能；（2）秘密分享支持的访问结构（access structure），即可重建出秘密信息的集合。对于抗泄露秘密共享，还有一个核心指标：（3）抗泄露率，即抗泄露比特长度/分片比特长度，该指标衡量了方案的抗泄露程度。

在文献［6］中，Srinivasan 和 Vasudevan 针对 LR-SS 设计了一个编译器

（compiler）。该编译器使用强带种子提取器（strong seeded extractor）作为重要工具，将任一个传统 SS 方案，转换成一个 LR-SS 方案。特别地，文献［6］中得到的 LR-SS 方案具有信息率损失仅为常数（仅损失 3.01 倍）、支持任意访问结构、抗泄露率达到最优（几乎为 1）等特点。利用已有的从 LR-SS 到 NM-SS 的编译器，文献［6］还得到了第一个常数信息率的 NM-SS 方案。该方案可抵抗一次篡改攻击，且可支持任意大小大于 4 的单调访问结构。

在文献［7］中，Aggarwal 等针对 LR-SS 和 NM-SS，分别设计了两个编译器。这两个编译器都使用了随机化编码方案作为重要工具，将任一个传统 SS 方案生成的秘密分片编码成两个部分，再进行重新组合，由此得到了新的 SS 方案。当使用强带种子提取器（strong seeded extractor）的逆运算作为编码方案时，可以得到 LR-SS 方案；当使用强二源非延展提取器（strong two-source non-malleable extractor）时，可以得到 NM-SS 方案。

文献［6，7］均在 LR-SS 和 NM-SS 方面取得了重要进展。在 LR-SS 方面，文献［7］中方案的信息率损失与分片个数 n 线性相关、抗泄露率为 $1-c$（c 为小常数），因此劣于文献［6］中的方案。但在 NM-SS 方面，文献［7］中得到的方案可抵抗较强的抗篡改攻击，即攻击者可进行不止一次，而是有界多项式次非动态地篡改攻击，且可支持任意大小大于 3 的单调访问结构。

为了同时获得较好的信息率与较强的非延展性，Faonio 和 Venturi 在文献［8］中考虑了计算意义下的非延展秘密共享（CNM-SS）。基于一一单向函数的计算假设，文献［8］得到了可抵抗持续篡改攻击的 CNM-SS，即攻击者可进行任意多项式次动态地篡改攻击。不仅如此，文献［8］中的方案还是抗泄露的，即同时做到抗篡改和抗泄露（CNM-LR-SS）。此外，文献［8］中得到的方案还具有接近 1 的信息率，达到了最优。

在应用方面，文献［6］展示了 LR-SS 在抗泄露的通用交互模式安全多方计算中的应用，文献［7，8］指出了 LR-SS 和 NM-SS 分别在抗泄露门限签名和抗篡改门限签名中的应用。一个重要的问题是找到 LR-SS 和 NM-SS 的更多应用。

在抗泄露对称密码领域中，已有的工作主要关注基于分组密码（block cipher based）的密码方案，而很少关注基于置换（permutation based）的密码方案，包括使用海绵（sponge）结构或复式（duplex）结构的方案。在文献［9］中，Dobraunig 和

Mennink 针对带密钥的复式结构进行了抗泄露密码研究和方案设计，并为此提出了复式构造的抗泄露安全模型。基于该安全模型，文献［9］对带密钥复式方案进行了全面分析，并说明了学术界已有两个复式构造的抗泄露安全性，包括 Taha 和 Schaumont 构造的复式方案以及 ISAP 方案。

在实际应用中，为了说明密码方案的抗泄露安全性，往往还需要对密码方案的物理实现进行一系列泄露检测（leakage detection）。ISO 17825 中提出了一套评估对称密码方案的泄露检测框架，即 TVLA（Test Vector Leakage Assessment）框架。该框架可以评估密码方案在侧信道物理攻击（如简单能量分析 SPA、差分能量分析 DPA）下的安全性。

在文献［10］中，Whitnall 和 Oswald 对 TVLA 框架中的泄露检测项目进行了统计分析和评估，并由此发现了该 ISO 标准中的多个严重问题。简单而言，文献［10］指出，TVLA 中针对安全等级 3 和 4 的检测会以很大概率使目标设备发生故障，并且按照标准里设定的测试次数进行检测，会很难发现一些细微的泄露问题。因此，Whitnall 和 Oswald 推荐在实际泄露检测时将测试次数设置得比标准里指定的次数更多，并结合两步评估方式一起进行检测。

除了基于数据的泄露（data-based，如能量消耗泄露、电磁泄露），近年来随着近场微探针技术的发展，攻击者可以对芯片里激活区域的位置信息进行高精度的探测，并通过该位置信息推断出密钥的部分信息。这种泄露称之为基于位置（location-based）的泄露。在文献［11］中，Andrikos 等针对基于位置泄露提出了抗泄露安全模型。利用该模型，Andrikos 等模拟了几个不同理论场景，包括增强位置信息泄露和减少位置信息泄露的场景。文献［11］还分别使用了样本攻击技术和神经网络技术，分别对 ARM Cortex-M4 芯片中的 SRAM 部分成功地实施了首例基于位置信息泄露的攻击。

为了抵抗信息泄露，通常会使用掩蔽方案（masking scheme）和重随机方案（refreshing scheme）的密码技术，为计算过程引入随机数，对计算中间值进行掩蔽。在文献［12］中，Dziembowski 等针对一个学术界已有的高效重随机方案，研究了该方案的抗泄露安全性。该方案由 Rivain 和 Prouff 设计，运算非常高效，同时引入的随机数也非常少。已有工作表明该方案存在探针泄露（probing leakage）攻击，因此在探针泄露模型下不是安全的。Dziembowski 等在与真实世界的泄露情况更加接近的噪声泄露

（noisy leakage）模型下，证明了该方案的抗噪声泄露安全性。为此，Dziembowski 等根据图理论提出了抗噪声泄露模型下的新型安全分析工具。

文献［9］研究了复式结构的抗泄露安全性，并提出了复式构造的抗泄露安全模型；文献［10］研究了现实中泄露检测存在的问题，分析了 ISO 17825 中存在的严重问题并给出了建设性的意见；文献［11］研究了基于位置的泄露模型，并实施了针对 ARM Cortex-M4 芯片中 SRAM 部分的首例基于位置泄露攻击；文献［12］则研究了高效重随机方案的设计和安全性证明，提出了噪声泄露模型下的新型分析工具。四篇论文分别对抗泄露密码领域的泄露模型建立、泄露检测分析、抗泄露技术等多个维度进行了研究，对抗泄露密码领域的发展产生了积极意义。

本节作者： 刘胜利（上海交通大学）

参考文献

［1］ Thomas Prest, Dahmun Goudarzi, Ange Martinelli, Alain Passelègue. Unifying Leakage Models on a Rényi Day. CRYPTO（1）2019：683-712.

［2］ Olivier Bronchain, Julien M. Hendrickx, Clément Massart, Alex Olshevsky, François-Xavier Standaert. Leakage Certification Revisited：Bounding Model Errors in Side-Channel Security Evaluations. CRYPTO（1）2019：713-737.

［3］ Christopher Patton, Thomas Shrimpton. Security in the Presence of Key Reuse：Context-Separable Interfaces and Their Applications. CRYPTO（1）2019：738-768.

［4］ Andrej Bogdanov, Yuval Ishai, Akshayaram Srinivasan. Unconditionally Secure Computation Against Low-Complexity Leakage. CRYPTO（2）2019：387-416.

［5］ Shuai Han, Shengli Liu, Lin Lyu, Dawu Gu. Tight Leakage-Resilient CCA-Security from Quasi-Adaptive Hash Proof System. CRYPTO（2）2019：417-447.

［6］ Akshayaram Srinivasan, Prashant Nalini Vasudevan. Leakage Resilient Secret Sharing and Applications. CRYPTO（2）2019：480-509.

［7］ Divesh Aggarwal, Ivan Damgård, Jesper Buus Nielsen, Maciej Obremski, Erick Purwanto, João L. Ribeiro, Mark Simkin. Stronger Leakage-Resilient and Non-Malleable

Secret Sharing Schemes for General Access Structures. CRYPTO (2) 2019：510-539.

［8］ Antonio Faonio, Daniele Venturi. Non-malleable Secret Sharing in the Computational Setting：Adaptive Tampering, Noisy-Leakage Resilience, and Improved Rate. CRYPTO (2) 2019：448-479.

［9］ Christoph Dobraunig, Bart Mennink. Leakage Resilience of the Duplex Construction. ASIACRYPT (3) 2019：225-255.

［10］ Carolyn Whitnall, Elisabeth Oswald. A Critical Analysis of ISO 17825 ('Testing Methods for the Mitigation of Non-invasive Attack Classes Against Cryptographic Modules'). ASIACRYPT (3) 2019：256-284.

［11］ Christos Andrikos, Lejla Batina, Lukasz Chmielewski, Liran Lerman, Vasilios Mavroudis, Kostas Papagiannopoulos, Guilherme Perin, Giorgos Rassias, Alberto Sonnino. Location, Location, Location：Revisiting Modeling and Exploitation for Location-Based Side Channel Leakages. ASIACRYPT (3) 2019：285-314.

［12］ Stefan Dziembowski, Sebastian Faust, Karol Zebrowski. Simple Refreshing in the Noisy Leakage Model. ASIACRYPT (3) 2019：315-344.

第二部分
2019 年优秀博士学位论文成果介绍

分组密码攻击模型的构建和
自动化密码分析

孙　玲

（山东大学，青岛，266237）

[摘要] 随着物联网时代向万物互联时代的不断推动，互联网为生活方方面面带来便利的同时，网络安全问题也在新形势下面临新的挑战。作为保障网络安全的基石，密码在安全认证、加密保护和信息传递等方面发挥了十分重要的作用。与公钥密码体制相比，对称密码算法由于效率高、算法简单、适合加密大量数据的优点应用更为广泛。基于这一事实，对分组密码算法分析与设计的研究在新环境下显得尤为重要。本文围绕分组密码算法的分析这一主题展开，对博士学位论文"分组密码攻击模型的构建和自动化密码分析"中的代表性成果进行简要介绍，研究成果有助于完善分组密码算法分析理论框架，对提升分组密码算法设计水平也具有重要意义。

[关键词] 分组密码；密码分析；自动化搜索

The Construction of Attack Method for Block Ciphers
and Automatic Cryptanalysis

Sun Ling

（Shandong University, Qingdao, 266237）

[Abstract] With the transformation from Internet of Things (IoT) to Internet of Everything (IoE), the internet provides a convenient experience for our life. At the same time, network security is facing updated challenges under the new circumstance. As the cornerstone to ensure network security, the cipher plays a critical role in the security authentication, encipherment protection and information transfer. Owing to the advantages of high efficiency, simple structure and feasibility for bulk encryption, the symmetric-key encryption scheme has a broader and more flexible application comparing to the public-key encryption scheme. Based on this phenomenon, the research on the design and cryptanalysis of the block cipher is especially important under the new surrounding. This work focuses on the cryptanalysis of block ciphers and provides a brief introduction to the representative research results of the PhD thesis titled "The Construction of Attack Method for Block Ciphers and Automatic Cryptanalysis". The research results benefit the advancement of the theoretical framework on the cryptanalysis of block ciphers. Also, it plays an influential role in enhancing the level of designing block ciphers.

[**Keywords**] Block cipher; Cryptanalysis; Automatic search

1 概述

1.1 分组密码算法

密码作为保障网络与信息安全的核心技术与基础支撑，是国家重要战略资源，密码算法和密码产品的自主可控是确保我国信息安全的重中之重。密码算法包括对称密码算法和公钥密码算法，分组密码算法作为对称密码算法的一个重要分支，具备易于标准化、便于软硬件实现、适合加密大量数据的优点，在计算机通信和信息系统安全领域具有广泛应用。

针对分组密码算法的研究包含设计与分析两个方面。一方面，密码研究人员试图寻找已有算法的漏洞，并给出基于这些漏洞的攻击；另一方面，又从这些攻击中总结指导设计的经验，利用这些经验设计出具有更高安全性的密码算法。从这个层面来讲，分析和设计是相辅相成且相得益彰的两个方面。博士学位论文"分组密码攻击模型的构建和自动化密码分析"围绕分组密码算法的分析开展研究。

1.2 分组密码算法分析研究进展

分组密码算法的安全性通常建立在其对各种已有攻击方法抵抗性的基础之上，因此，设计安全高效的算法离不开丰富的密码分析经验。经过近三十年的发展，分组密码算法的分析已渐成体系。在评估算法安全性时，首先考察算法对各种已有攻击方法的抵抗性，以勾勒安全性的大致轮廓；其次具体算法具体分析，探索是否存在安全漏洞。学术界和工业界普遍认可能经受住各种攻击方法考验的算法。

在分组密码算法分析方面，国际密码领域重点围绕分析模型的构建和自动化密码分析两大目标开展研究。

（1）分组密码算法分析模型的构建

20 世纪 90 年代初，Biham 等人[1]在美密会提出差分分析方法，以此为标志性事件，分组密码算法分析的研究渐入正轨。发展至今，已初步形成以差分分析、线性分析、积分分析等最具代表性的经典分析方法为基础，以在经典分析方法指导下进行延拓与综合形成的系列新型分析方法为重要组成部分的分组密码分析理论框架（见图1）。

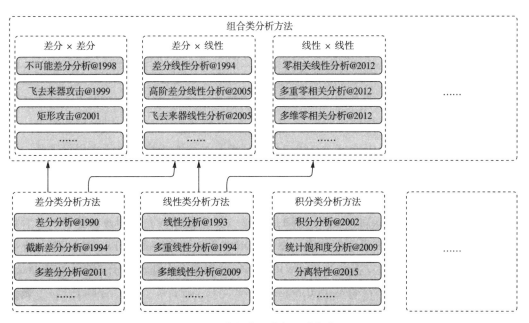

图1　分组密码分析理论框架

然而，由于分组密码算法的安全性依赖于对攻击的抵抗性，即便是在所有已知分析方法下被证明是安全的算法，也可能无法抵挡某些未知的、尚待挖掘的攻击。为了对算法的安全性进行更加全面的考量，需要从多个维度进行分析。因此，分组密码算法新型分析模型的构建是密码学领域一个经久不衰的研究热点。

（2）自动化密码分析

分组密码算法的分析经过近三十年的发展，分析方法种类繁多，密码算法只有通过各种攻击方法的检验后，才能证明它在现阶段是安全的。为此，密码分析人员需要为每一种分析方法编写专门的程序。即便是对专业的密码研究人员，完成一个算法的安全性检测可能也需要几个月的时间。因此，分组密码算法的安全性分析是一项复杂且耗时费力的工作。尤其在新算法设计阶段，大到算法结构，小到部件参数，都需要进行频繁的调整，保障高效地为调整后算法提供可靠的安全性评估结果逐渐成为决定算法设计水平的关键。在密码分析和设计领域需求的双重驱动下，自动化密码分析方法应运而生。

简言之，自动化密码分析方法的原理就是将密码分析中繁琐复杂的问题转化为一些可借助现成求解器求解的数学问题，相关数学问题的解又可等价变换回密码分析问题的结果。自动化密码分析方法主要基于数学建模实现，按照所依赖的数学问题进行划分，主要有三类：

（i）基于混合整数线性规划（Mixed Integer Linear Programming，MILP）问题的方法；

（ii）基于布尔可满足性问题（Boolean Satisfiability Problem，SAT）或可满足性模理论（Satisfiability Modulo Theories，SMT）的方法；

（iii）基于约束规划（Constraint Programming，CP）问题的方法。

截至目前，国内外在自动化方面的研究几乎平分秋色，基于 MILP 和 SAT/SMT 的方法更为常用。

①基于 MILP 的自动化搜索方法

在 2011 年的几乎在同一时期，Mouha 等人[2]与我国学者吴生宝和王明生[3]分别采取不同的模型构建方式给出确定目标算法差分/线性活跃 S 盒下界的自动化方法。以此为起点，国内外掀起了自动化分析方法的研究热潮（见图 2）。为了充分发挥 MILP 方法在搜索真实差分路线方面的优势，孙思维等人[4]于 2014 年亚密会借助计算几何学中凸集的 H-representation 理论和贪心算法完成了 S 盒差分性质的精简刻画。融合该模型后的 MILP 搜索框架可实现比特级分组密码算法差分路线的精确搜索，对一批算法给出了更紧致的差分分析安全界。2016 年 FSE 会议，付凯等人[5]构建了刻画差分和线性掩

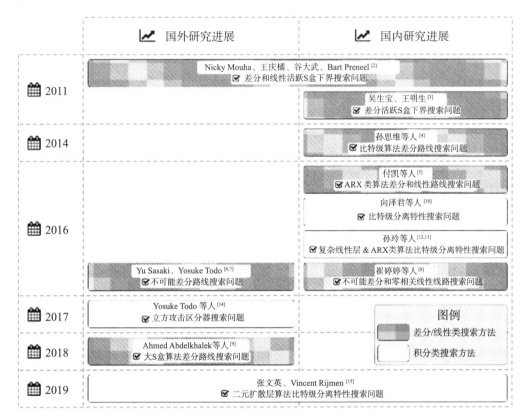

图 2   基于 MILP 的搜索方法研究进展

码在模加运算中的传递的 MILP 模型，首次实现了 ARX 类算法差分和线性路线的自动化搜索。模型应用于 SPECK 算法，取得当时最优分析结果。几乎在 2016 年同一时间，日本学者 Sasaki 和 Todo[6,7]以及我国学者崔婷婷等人[8]分别独立提出不可能差分/零相关线性路线的自动化搜索框架。二者的思想基本类似，但侧重点有所不同：文献［6,7］关注带 S 盒的算法，并致力于从设计和分析角度给出新的观测；文献［8］更注重在 ARX 类算法中的应用。为了解决差分路线的精确搜索框架用于具有大 S 盒算法的适

用性问题，Abdelkhalek 等人[9]于 2018 年 FSE 会议提出一种分而治之的策略，也即把大 S 盒的差分分布表划分为多个相对简单的子表，为每个子表构建 MILP 模型后，将其有机组合，从而完成大 S 盒算法差分路线的自动化搜索。

除在差分和线性分析范畴内的应用，基于 MILP 的方法也逐渐拓展到积分分析中积分区分器的搜索。2016 年亚密会，向泽军等人[10]将文献［4］中的搜索框架延拓到积分分析范畴，首次给出基于比特级分离特性[11]自动化搜索积分区分器的方法。该方法被用于 6 个轻量级分组密码算法，算法的区分器得到了不同程度的改进。注意到[10]中方法无法覆盖具有复杂线性层的算法和 ARX 类算法，我们[12,13]随后提出了刻画比特级分离特性在复杂线性层和模加运算中传递的补充模型，融合这些模型后的 MILP 搜索方法可实现绝大多数分组密码算法积分区分器的自动化搜索。2017 年美密会，Todo 等人[14]将比特级分离特性的自动化搜索框架推广到立方攻击中区分器的搜索，改进了系列流密码算法的立方攻击结果。2019 年，我国学者张文英与国际学者 Rijmen[15]合作，对比特级分离特性在二元扩散层中的传播特性建立了更加精细的 MILP 模型，使用优化后的模型改进了两个算法的积分区分器。

②基于 SAT/SMT 的自动化搜索方法

基于 SAT/SMT 的搜索方法最早出现于 2013 年（见图 3），Mouha 和 Preneel[16]将差分在 ARX 类算法中的传递规律刻画为 SMT 模型，通过调用 SMT 求解器实现了最优差分路线的自动化搜索。2015 年美密会，Kölbl 等人[17]以 SIMON 算法为研究对象，首先通过理论推导得到了计算给定差分/线性路线概率/相关度的精确公式，其次将这些公式转化为 SAT/SMT 模型，在求解器的帮助下，对 SIMON 算法的安全性进行了全面深入的研究。为了拓展基于 SAT/SMT 方法的应用范围，刘韵雯等人[18]在 2016 年 ACNS 会议构建了追踪线性掩码在 ARX 类算法中传递规律的 SAT 模型，使得 SPECK 算法和 Chaskey 算法的线性路线轮数得到大幅度改进。同年的 ACISP 会议，宋凌等人[19]提出把由短轮路线构建长轮路线的思想与[46]中的模型相结合，在节约搜索时间的同时更易挖掘性质较好的路线。新方法用于 SPECK 算法和 LEA 算法，差分分析结果得到不同程度的改进。2018 年，我们[20]使用符合 SAT 语法的合取范式对差分在 S 盒中的传递规律建模，研发了带 S 盒算法差分闭包的自动化搜索工具，成功解决海量差分路线累积概率的计算问题。同年 SAC 会议，Ankele 和 Kölbl[21]构建了刻画差分在带 S 盒算法中传递的 SMT 模型，实现了一批分组密码算法大量差分路线的搜索。2019 年，刘瑜等人[22] 使用 SMT 方法对（大）S 盒的差分和线性性质建模，在求解工具 STP 的辅助下，刷新了大批算法的（相关密钥）差分和线性路线。

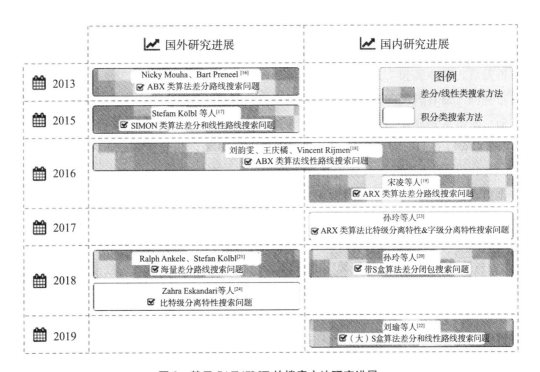

图 3 基于 SAT/SMT 的搜索方法研究进展

随着研究的不断深入，基于 SAT/SMT 的搜索方法也延拓到积分分析领域。2017 年亚密会，我们[23] 发现在 ARX 类算法差分/线性路线的自动化搜索中，基于 SAT/SMT 的搜索模型普遍表现优于基于 MILP 的搜索模型，因而首次给出针对 ARX 类算法自动化搜索比特级分离特性的 SAT 模型，提出高效识别最优区分器的搜索策略，对系列 ARX 类算法的积分区分器进行了不同程度的改进。此外，考虑到自动化方法在搜索字级分离特性方面的空白，构建 SMT 模型，将 ISO/IEC 标准密码算法 CLEFIA 算法的区分器长度拉长一轮。2018 年 SAC 会议，Eskandari 等人[24] 基于 SAT 方法开发了一套搜索比特级分离特性的全自动化工具，使用者仅需学习简单的语法对算法结构进行描述，便可灵活使用该工具。

2 论文代表性成果概述

博士学位论文"分组密码攻击模型的构建和自动化密码分析"围绕分组密码算法的分析进行了深入研究。首先，在攻击模型构建方面，提出卡方多重/多维零相关线性分析模型，并将该模型用于一系列算法的多重和多维零相关攻击，取得改进结果。其次，针对自动化密码分析，一方面着眼于攻击路线的自动化搜索问题，另一方面尝试借助自动化思想解决密码学中的理论难题。在路线自动化搜索方面，给出基于 MILP 方法对具有复杂线性层的算法和 ARX 类算法搜索比特级分离特性的模型，使用新方法对一系列算法关于积分分析的抵抗性进行了评估。构建了基于 SAT 方法 ARX 类算法比特级分离特性的自动化搜索工具和基于 SMT 方法自动化搜索字级分离特性的新工具，完善了分离特性自动化搜索框架。在自动化解决理论问题方面，讨论了差分分析中的差分聚集现象，对两个算法给出了更加精确的差分分析结果。最后，对 SIMON 算法的所有版本给出了零相关攻击结果。取得的代表性研究成果列举如下，全部内容参阅文献[25]。

（1）基于 SAT 方法自动化搜索差分闭包的新工具

从自动化搜索的思想引入密码分析以来，出现了很多关于差分/线性路线自动化搜索的研究，然而针对差分闭包的研究却很少。对差分闭包搜索的尝试主要集中于 ARX 类算法。即便文献 [17] 中给出的方法支持带有 S 盒算法的搜索，但这一方法基于 SMT 问题而非 SAT 问题。为了填补 SAT 方法在搜索差分闭包方面的空白，我们给出了基于 SAT 问题差分闭包的自动化搜索工具。首先，我们给出线性层和 S 盒的刻画。随后，给出了目标函数的 SAT 模型，这使得我们可以实现固定权重下差分特征的搜索。最后，我们给出了搜索差分闭包中多条路线的方法。该方法在后续 LED64 算法和 Midori64 算法的分析中发挥了十分重要的作用。另一方面，作为一种普适性的方法，该工具也可以用于其他算法差分闭包的研究。该成果发表于 FSE 2019，具体内容参阅文献[20]。

（2）LED 算法步函数差分闭包的改进

由于 LED 算法的步函数是与密钥无关的置换，所以可看作一种特殊的 Even-Mansour 结构，也正是由于这个原因，LED 算法的很多攻击都将步函数看作公开映射，很多攻击方法都源自对 Even-Mansour 结构的攻击。在这之中，某些攻击方法的有效性建立在步函数高概率差分闭包的存在性之上。所以，以搜索高概率差分闭包作为问题的出发点，我们旨在给出一种自动化搜索差分闭包正确对的方法。首先，我们导出差分路线正确对的约束条件，而后，将这些约束条件转化为 SAT 问题，保证 SAT 问题的解与路线的所有正确对一一对应。然后，使用求解器的多解搜索模式，搜索服从差分闭包的所有正确对。基于这一方法，我们改进了 Mendel 等人给出的迭代和非迭代差分闭包概率的结果。在与文献［26］相同的情境下，我们找到了一条具有 66 个正确对的迭代差分闭包，这一结果较作者给出的具有 6 个正确对的差分闭包有显著改进。另外，在非迭代差分闭包搜索方面，我们将正确对的数量由 2^{10} 提升到 2^{15}。基于这些对于差分闭包在概率方面改进的结果，已有的对 LED64 算法缩短轮的攻击效果都得到了不同程度的改进。该成果发表于 FSE 2019，具体内容参阅文献［20］。

（3）Midori64 算法差分闭包的精确分析

根据 Daemen 和 Rijmen[27] 给出的关于密钥交替密码算法的理论分析，对于一个给定的差分闭包，弱密钥比例约为 50%。我们以 Midori64 算法为实例，证明在固定的密钥生成算法下，弱密钥比例可能远小于 50%。首先，我们导出一个密钥作为弱密钥需要满足的必要条件，而后给出一种自动化搜索给定差分闭包弱密钥的方法。基于该方法，我们给出了 Midori64 算法两个 4 轮差分闭包的实例，对这两个差分闭包，超过 78% 的密钥将使其变为不可能差分，换言之，它们的弱密钥比例非常低。如果这种路线用于差分攻击，那么很可能错误的将正确密钥当作错误密钥，因为攻击者在正确密钥下找不到足够多的正确对，这就导致差分分析理论与实际情况产生偏差。另一方面，我们考虑给定差分闭包对应的"极弱的"密钥，在这些密钥下，差分闭包中同时成立的路线数量会相对升高。我们从差分闭包中可兼容路线数量这一问题出发，通过一系列变换，将该问题转换为一类特殊的 Max-PoSSo 问题。针对这类特殊的问题，构建用于搜索的 SAT 模型，用自动化的方式解决该密码分析问题。推导结果显示，对 Midori64 算法一个差分闭包，对于 2^{-12} 的密钥，差分闭包的概率由期望值 $2^{-23.79}$ 提升到

2^{-16}。这一现象表明，在这些"极弱"密钥下，差分攻击将更有可能成功，或者说，我们可以以更低的代价实现差分攻击。这些例子提醒我们，对于密钥生成算法简单的轻量级算法，在进行差分分析时，需要格外注意区分器本身的有效性。该成果发表于 FSE 2019，具体内容参阅文献 [20]。

（4）提出卡方多重/多维零相关线性分析新模型

虽然多重和多维零相关模型在对众多密码算法的分析中显示出了优越性，但是这两个模型对于零相关路线数量的限制条件仍然存在。我们以此为出发点，构建了卡方多重/多维零相关线性分析新模型，新模型在零相关线性逼近数量受限的情况下仍然有效。除此之外，由于消除了原模型构建过程中的正态逼近，新模型对攻击复杂度的评估更加精确。卡方模型的提出具有十分重要的意义：一方面，该模型是一种具有普适性的模型，其应用场景更加多样；另一方面，新的卡方多重模型允许我们回避零相关攻击在单路线下必须使用整个明文空间进行攻击的情况。为了验证新模型的有效性，我们对 Mini-AES 算法进行了一系列统计测试，实验结果显示，新模型在原模型失效的情况下仍然保持一定的准确性，同时对攻击复杂度的评估更加精确。该成果发表于 Designs，Codes and Cryptography，具体内容参阅文献 [28]。

（5）单密钥情境下 TEA 算法的最优攻击

TEA 算法属于 ARX 类算法，采用 64 比特分组长度，128 比特密钥。文献 [29] 中，作者给出了 TEA 算法的两组零相关区分器。由于 15 轮区分器只含有两条路线，原有的多重零相关攻击只能退而求其次，使用 14 轮区分器对 TEA 算法的安全性进行评估。得益于新模型的普适性，攻击成立与否不再受路线数量的限制，因此我们可以在新模型下使用 15 轮区分器重新对 TEA 算法关于多重零相关攻击的抵抗性进行分析。我们给出了 TEA 算法的 23 轮密钥恢复攻击，该攻击是单密钥情境下该算法的最优攻击。该成果发表于 Designs，Codes and Cryptography，具体内容参阅文献 [28]。

（6）构建刻画比特级分离特性在复杂线性层中传递的 MILP 模型

尽管基于 MILP 方法比特级分离特性的自动化搜索[10]在很多以比特置换为线性层的算法区分器搜索方面取得了很大进展，但这一方法对那些使用复杂线性层算法的适用性还不得而知。以此为动机，我们首先将原有的复制模型和异或模型分别进行推广，使其适配于具有多输出分支的复制运算和具有多输入分支的异或运算。基于对线性变换本源表示的观测，我们使用两个推广模型给出了构建复杂线性层 MILP 模型的一般方法。结合该方法，基于 MILP 思想的比特级分离特性自动化搜索将适用于具有非比特置换线性层的算法。这一结果拓宽了基于 MILP 方法自动化搜索比特级分离特性工具的适用范围，使其在搜索密码算法积分区分器方面发挥更大的优势。该成果发表于 IET Information Security，具体内容参阅文献 [12]。

（7）构建刻画比特级分离特性在模加运算中传递的 MILP 模型

考虑到 ARX 类算法是对称密码算法中一个非常重要的组成部分，我们希望将基于 MILP 自动化搜索比特级分离特性的方法推广到 ARX 类算法。模型推广的关键在于对模加运算的刻画，由于直接使用布尔函数代数标准型的方法在计算上是不可行的，我们转而使用模加运算的一种迭代布尔函数表示。通过对迭代表示的观测，我们发现模加运算可以分解为一系列基本运算，包括：复制运算、与运算和异或运算。因此，对模加运算 MILP 模型的构建可以采用一种迭代的方式。按照模加运算输入分支类型的不同，我们将模加运算分成三种，并分别针对这三种情况给出 MILP 模型。将这些模型融入 MILP 搜索方法，可以实现 ARX 类算法积分区分器的自动化搜索。该成果发表于 SCIENCE CHINA Information Sciences，具体内容参阅文献 [13]。

（8）基于 MILP 的自动化搜索方法对具有复杂线性层算法的应用

我们将线性层推广后的 MILP 自动化搜索工具应用于一系列对称密码算法积分区分器的搜索。

在面向字的分组密码方面：我们将其应用于 Midori64 算法，找到了一条 7 轮积分区分器，将已有的区分器长度改进了一轮，并且实验结果与设计者在设计文档中提到的最长积分区分器的轮数可达到 7 轮的预测相吻合。对于一些 AES-like 的算法，如：LED 算法、Joltik-BC 算法和 AES 算法，我们改进了不同轮数区分器的数据复杂度。

在面向比特的分组密码方面：我们分析了 Serpent 算法和 Noekeon 算法，并对短轮积分区分器的数据量进行了改进。针对一些哈希函数的内层置换：对 SPONGENT-88 算法，我们搜索得到了 18 轮积分区分器，该区分器长度比已有最好结果增长了 4 轮。对于 SPONGENT-128 和 SPONGENT-160 算法，我们也给出了新的积分区分器。除此之外，对于哈希函数 PHOTON 内层置换的所有版本，给出了积分性质的评估。相关成果发表于 IET Information Security，具体内容参阅文献 [12]。

（9）基于 MILP 的自动化搜索方法在 ARX 类算法中的应用

我们将模加运算的 MILP 模型融入基于 MILP 的比特级分离特性自动化搜索工具中，对一系列 ARX 类算法关于积分特性的抵抗性进行了评估。对于 HIGHT 算法和 LEA 算法，我们分别找到了比之前已有区分器改进一轮的新区分器。针对 TEA 算法和 XTEA 算法，我们找到了 2 条 15 轮的积分区分器，其中一条与之前最好的区分器相比，数据量减半；另一条在同等数据量的条件下包含更多的零和比特。除此之外，我们也改进了 KATAN/KTANTAN 算法积分区分器的结果。相关成果发表于 SCIENCE CHINA Information Sciences，具体内容参阅文献［13］。

（10）基于 SAT 方法 ARX 类算法比特级分离特性的自动化搜索工具

观察到在 ARX 类算法差分/线性路线自动化搜索问题中，基于 SAT/SMT 的方法的普遍表现比基于 MILP 问题的搜索方法更好。以此为启发，我们针对 ARX 类算法构建了基于 SAT 方法自动化搜索比特级分离特性的工具。首先，我们对三种基本运算（复制运算、与运算和异或运算）的比特级分离特性建模，将分离特性在运算中的传递规律转化为满足合取范式形式的逻辑表达式。然后基于这三种基本操作，构建了刻画模加运算比特级分离特性的 SAT 模型。设置好初始分离特性和终止条件后，ARX 类算法比特级分离特性的搜索问题可以转化为 SAT 问题，进而可调用求解器求解。为了快速定位最优积分区分器，我们给出了一种高效的搜索算法，这一算法可以帮助我们缩减初始分离特性的搜索空间，快速定位导出最优积分区分器的初始分离特性的形式。基于这一方法，我们得到了 SHACAL-2 算法的 17 轮积分区分器，这使得该算法最优积分区分器的轮数改进了 4 轮。除此之外，对 LEA 算法、HIGHT 算法和 SPECK 算法，新获取的积分区分器与用 MILP 方法得到的结果相比，有不同程度的改进。该成果发表于 ASIACRYPT 2017，具体内容参阅文献［23］。

（11）基于 SMT 方法自动化搜索字级分离特性的新工具

一方面，考虑到自动化搜索在字级分离特性评估中的空白；另一方面，观察到对大状态/含复杂运算的算法在比特水平追踪分离特性的困难性，我们使用基于 SMT 的方法实现了字级分离特性的自动化搜索。首先，我们考虑对字级分离特性在一些基本运算中的传递规律建模，模型的构建仍然采用排除法。而后，合理设置初始分离特性和终止条件，以将字级分离特性的搜索问题转化为 SMT 问题，并调用开源求解器对问题进行求解。使用该方法，我们找到了 CLEFIA 算法的 10 轮积分区分器，这些区分器比之前最好的区分器长 1 轮。对于哈希函数 Whirlpool 的内层置换，我们改进了 4 轮和 5 轮区分器的数据复杂度。对 Rijndael-192 和 Rijndael-256 算法，我们给出了 6 轮积分区分器，这比之前最好结果多两轮。除此之外，使用新的积分区分器，可以将 CLEFIA 算法的积分攻击结果改进一轮。该成果发表于 ASIACRYPT 2017，具体内容参阅文献 [23]。

（12）SIMON 算法改进的零相关分析

SIMON 算法是由美国国家安全局在 2013 年 6 月发布的一组轻量级分组加密方案，由于其轮函数结构极其简单，并且算法设计文档中缺失了对安全性评估的部分，所以密码研究人员对其安全性评估极其重视。我们考察了 SIMON 算法对于零相关线性分析的抵抗性。基于等价密钥技术，改进了文献 [30] 中对 SIMON32 和 SIMON48 算法的零相关线性分析，分别给出了 SIMON32 算法的 21 轮攻击、SIMON48/72 算法的 21 轮攻击和 SIMON48/96 算法的 22 轮攻击。对 SIMON64、SIMON96 和 SIMON128 算法，分别导出了 13 轮、16 轮和 19 轮零相关区分器，并利用这些新的区分器评估了相应算法的安全性。该成果发表于 INSCRYPT 2015，具体内容参阅文献 [31]。

3　展望

经过近三十年的发展，分组密码分析理论已渐趋成熟：便捷高效的自动化密码分析方法间接增强了密码研究人员的算法设计水平；多种多样的分析方法可对算法的安全性进行全面综合评估，增强了学术界和工业界对分组密码算法理论与实际安全性的信心。然而，现有的分组密码分析理论仍存在尚未解决的问题。例如：现存的很多攻击方法在构建过程中使用了各种各样的假设，然而很多假设只在理想情况下成立，在现实的攻击情境中一般很难被满足，许多攻击模型对攻击复杂度的评估在脱离了假设的前提下很难保证准确性。因此，研究如何构建独立于假设条件的攻击模型以扩展模型的适用范围是密码分析中一个非常重要且有趣的问题。

随着计算机运算能力的不断提升，进行更精细、更准确的密码分析逐渐成为密码学发展的必然趋势，但实现这一目标可能需要几代人的共同努力。我们将顺应这一潮流，为构建更完善的密码分析理论体系不断努力。

参考文献

［1］ Eli Biham and Adi Shamir. Differential cryptanalysis of DES-like cryptosystems. In Advances in Cryptology-CRYPTO 1990, 10th Annual International Cryptology Conference, Santa Barbara, California, USA, August 11-15, 1990, Proceedings, pages 2-21, 1990.

［2］ Nicky Mouha, Qingju Wang, Dawu Gu, and Bart Preneel. Differential and linear cryptanalysis using mixed-integer linear programming. In Information Security and Cryptology-7th International Conference, Inscrypt 2011, Beijing, China, November 30-December 3, 2011. Revised Selected Papers, pages 57-76, 2011.

［3］ Shengbao Wu and Mingsheng Wang. Security evaluation against differential cryptanalysis for block cipher structures. IACR Cryptology ePrint Archive, 2011：551, 2011.

［4］ Siwei Sun, Lei Hu, Peng Wang, Kexin Qiao, Xiaoshuang Ma, and Ling Song. Automatic security evaluation and (related-key) differential characteristic search：Application to SIMON, PRESENT, LBlock, DES (L) and other bit-oriented block ciphers. In Advances in Cryptology-ASIACRYPT 2014-20th International Conference on the Theory and Application of Cryptology and Information Security, Kaoshiung, Taiwan, R. O. C., December 7-11, 2014. Proceedings, Part I, pages 158-178, 2014.

［5］ Kai Fu, Meiqin Wang, Yinghua Guo, Siwei Sun, and Lei Hu. MILP-based automatic search algorithms for differential and linear trails for SPECK. In Fast Software Encryption-23rd International Conference, FSE 2016, Bochum, Germany, March 20-23, 2016, Revised Selected Papers, pages 268-288, 2016.

［6］ Yu Sasaki and Yosuke Todo. New impossible differential search tool from design and cryptanalysis aspects. IACR Cryptology ePrint Archive, 2016：1181, 2016.

［7］ Yu Sasaki and Yosuke Todo. New impossible differential search tool from design and cryptanalysis aspects-revealing structural properties of several ciphers. In Advances in Cryptology-EUROCRYPT 2017-36th Annual International Conference on the Theory and Applications of Cryptographic Techniques, Paris, France, April 30-May 4, 2017, Proceedings, Part III, pages 185-215, 2017.

［8］ Tingting Cui, Keting Jia, Kai Fu, Shiyao Chen, and Meiqin Wang. New automatic search tool for impossible differentials and zero-correlation linear approximations. IACR Cryptology ePrint Archive, 2016: 689, 2016.

［9］ Ahmed Abdelkhalek, Yu Sasaki, Yosuke Todo, Mohamed Tolba, and Amr M. Youssef. MILP modeling for (large) S-boxes to optimize probability of differential characteristics. IACR Trans. Symmetric Cryptol. , 2017 (4): 99-129, 2017.

［10］ Zejun Xiang, Wentao Zhang, Zhenzhen Bao, and Dongdai Lin. Applying MILP method to searching integral distinguishers based on division property for 6 lightweight block ciphers. In Advances in Cryptology-ASIACRYPT 2016-22nd International Conference on the Theory and Application of Cryptology and Information Security, Hanoi, Vietnam, December 4-8, 2016, Proceedings, Part I, pages 648-678, 2016.

［11］ Yosuke Todo. Structural evaluation by generalized integral property. In Advances in Cryptology-EUROCRYPT 2015-34th Annual International Conference on the Theory and Applications of Cryptographic Techniques, Sofia, Bulgaria, April 26-30, 2015, Proceedings, Part I, pages 287-314, 2015.

［12］ Ling Sun, Wei Wang, and Meiqin Wang. MILP-aided bit-based division property for primitives with non-bit-permutation linear layers. IET Information Security, 14 (1): 12-20, 2020.

［13］ Ling Sun, Wei Wang, RuLiu, and Meiqin Wang. MILP-aided bit-based division property for ARX ciphers. SCIENCE CHINA Information Sciences, 61 (11): 118102: 1-118102: 3, 2018.

［14］ Yosuke Todo, Takanori Isobe, Yonglin Hao, and Willi Meier. Cube attacks on non-blackbox polynomials based on division property. In Advances in Cryptology-CRYPTO 2017-37th Annual International Cryptology Conference, Santa Barbara, CA, USA, August 20-24, 2017, Proceedings, Part III, pages 250-279, 2017.

［15］ Wenying Zhang and Vincent Rijmen. Division cryptanalysis of block ciphers with a binary diffusion layer. IET Information Security, 13（2）：87-95, 2019.

[16] Nicky Mouha and Bart Preneel. Towards finding optimal differential characteristics for ARX：Application to Salsa20. Cryptology ePrint Archive, Report 2013/328, 2013.

[17] Stefan Kölbl, Gregor Leander, and Tyge Tiessen. Observations on the SIMON block cipher family. In Advances in Cryptology-CRYPTO 2015-35th Annual Cryptology Conference, Santa Barbara, CA, USA, August 16 - 20, 2015, Proceedings, Part I, pages 161 - 185, 2015.

[18] Yunwen Liu, Qingju Wang, and Vincent Rijmen. Automatic search of linear trails in ARX with applications to SPECK and Chaskey. In Applied Cryptography and Network Security - 14th International Conference, ACNS 2016, Guildford, UK, June 19 - 22, 2016. Proceedings, pages 485-499, 2016.

[19] Ling Song, Zhangjie Huang, and Qianqian Yang. Automatic differential analysis of ARX block ciphers with application to SPECK and LEA. In Information Security and Privacy-21st Australasian Conference, ACISP 2016, Melbourne, VIC, Australia, July 4-6, 2016, Proceedings, Part II, pages 379-394, 2016.

[20] Ling Sun, Wei Wang, and Meiqin Wang. More accurate differential properties of LED64 and Midori64. IACR Trans. Symmetric Cryptol. , 2018（3）：93-123, 2018.

[21] Ralph Ankele and Stefan Kölbl. Mind the gap-A closer look at the security of block ciphers against differential cryptanalysis. In Selected Areas in Cryptography-SAC 2018-25th International Conference, Calgary, AB, Canada, August 15-17, 2018, Revised Selected Papers, pages 163-190, 2018.

[22] Yu Liu, Huicong Liang, Muzhou Li, Luning Huang, Kai Hu, Chenhe Yang, and Meiqin Wang. STP models of optimal differential and linear trail for S-box based ciphers. IACR Cryptology ePrint Archive, 2019：25, 2019.

[23] Ling Sun, Wei Wang, and Meiqin Wang. Automatic search of bit-based division property for ARX ciphers and word-based division property. In Advances in Cryptology-ASIA-CRYPT 2017-23rd International Conference on the Theory and Applications of Cryptology and Information Security, Hong Kong, China, December 3-7, 2017, Proceedings, Part I, pages

128−157, 2017.

［24］ Zahra Eskandari, Andreas Brasen Kidmose, Stefan Kölbl, and Tyge Tiessen. Finding integral distinguishers with ease. In Selected Areas in Cryptography−SAC 2018− 25th International Conference, Calgary, AB, Canada, August 15−17, 2018, Revised Selected Papers, pages 115−138, 2018.

［25］ 孙玲. 分组密码攻击模型的构建和自动化密码分析［J］. 山东大学. 2019.

［26］ Florian Mendel, Vincent Rijmen, Deniz Toz, and Kerem Varici. Differential analysis of the LED block cipher. In Advances in Cryptology−ASIACRYPT 2012−18th International Conference on the Theory and Application of Cryptology and Information Security, Beijing, China, December 2−6, 2012. Proceedings, pages 190−207, 2012.

［27］ Joan Daemen and Vincent Rijmen. Probability distributions of correlation and differentials in block ciphers. J. Mathematical Cryptology, 1（3）: 221−242, 2007.

［28］ Ling Sun, Huaifeng Chen, and Meiqin Wang. Zero−correlation attacks: statistical models independent of the number of approximations. Des. Codes Cryptogr., 86（9）: 1923− 1945, 2018.

［29］ Andrey Bogdanov and Meiqin Wang. Zero correlation linear cryptanalysis with reduced data complexity. In Fast Software Encryption − 19th International Workshop, FSE 2012, Washington, DC, USA, March 19−21, 2012. Revised Selected Papers, pages 29− 48, 2012.

［30］ Qingju Wang, Zhiqiang Liu, Kerem Varici, Yu Sasaki, Vincent Rijmen, and Yosuke Todo. Cryptanalysis of reduced−round SIMON32 and SIMON48. In Progress in Cryptology−INDOCRYPT 2014−15th International Conference on Cryptology in India, New Delhi, India, December 14−17, 2014, Proceedings, pages 143−160, 2014.

［31］ Ling Sun, Kai Fu, and Meiqin Wang. Improved zero−correlation cryptanalysis on SIMON. In Information Security and Cryptology − 11th International Conference, Inscrypt 2015, Beijing, China, November 1 − 3, 2015, Revised Selected Papers, pages 125 − 143, 2015.

序列密码代数分析方法研究及其应用

矫　琳

（中国科学院软件研究所，北京，100190）

[摘要]　序列密码是保障信息机密性和完整性的重要技术，只有通过系统地分析其抵抗各类攻击的能力，才能适度地判断其安全性。相较于统计分析方法，代数分析作为一种联系对称密码学与代数理论的天然桥梁，更侧重于利用密码算法的内部结构提供精巧的攻击构造。但是，到目前为止，对代数分析方法的研究仍处于初级阶段。针对现有典型序列密码，如何构造更加高效、普适的代数分析方法是密码学领域的一个重要科学问题。本文围绕序列密码关键代数分析方法中的重点问题展开论述，主要包括设计猜测确定路径的高效自动化搜索算法、基于可分性质和混合整数规划问题归约优化立方攻击模型、规范对称密码代数攻击分析流程等。

[关键词]　序列密码；代数分析；猜测确定攻击；立方攻击；代数攻击

On Algebraic Cryptanalysis Methods of Stream Ciphers and Its Applications

Jiao Lin

（Institute of Software Chinese Academy of Sciences，Beijing，100190）

[**Abstract**]　Stream ciphers are an important technique to guarantee the information confidentiality and integrity, and analyzing their abilities to resist all kinds of attacks scientifically is necessary to judge the ciphers' security bounds properly. As a natural bridge between symmetric cryptography and algebraic theory, algebraic analysis focuses more on providing ingenious attacks according to the internal structure of ciphers, compared with statistical analysis. However, the research of algebraic analysis is still in its infancy so far. For the existing typical stream ciphers, how to construct more efficient and universal new algebraic cryptanalysis methods is a crucial problem in the field of cryptography. This paper focuses on the important problems in the key algebraic analysis methods against stream ciphers, including the algorithm design of the automatic paths searching for guess – and – determine attacks, the model optimization of cube attacks by the reduction of division property and mixed integer programming problem, the standardization establishment of analysis process for algebraic attacks on symmetric ciphers and so on.

[**Keywords**] Stream cipher; Algebraic cryptanalysis; Guess – and – determine attack; Cube attack; Algebraic attack

1 序列密码代数分析方法的研究意义

密码技术是保障信息安全和网络空间安全的核心技术，密码算法是解决信息安全问题的基础模块。序列密码是主流密码算法之一，主要应用于各国政府、军事和银行等重要部门的核心敏感信息加密。因此，序列密码的安全性分析和可靠性评估事关国家安全和个人隐私，在当前乃至未来都将是服务国家核心需求的重要科学问题。

序列密码的历史最早可追溯到 20 世纪初，当前序列密码的发展已步入标准化时代，其重要标志是近年来实施的一系列标准化工程，如欧洲的 NESSIE 工程和 ECRYPT 计划，以及由美国国家标准技术研究所（NIST）资助国际密码研究组织发起的 CAESAR 竞赛。这些项目推动了序列密码、分组密码、Hash 函数和可认证加密方案的设计与分析理论密切融合、迅速发展。目前已服役于民用通信系统的标准序列密码主要有：IEEE 802.11 无线网络所使用的 RC4 算法、欧洲数字蜂窝移动电话系统所使用的 A5/1 算法、第四代移动通信所使用的 SNOW 3G 和 ZUC 算法、蓝牙系统所使用的 E0 算法等。

序列密码的安全性是相对的，只有通过全面地考察其抵抗当前各类攻击的能力才能给出适度的结论。序列密码的分析方法不仅涉及的知识面宽，而且还带有一定的实验性和经验性，目前仍缺乏系统的理论、技术支撑。针对序列密码本身实施、以分析密码算法设计漏洞来破解的直接方法可分为统计分析和代数分析两大类，其中，代数分析作为一种联系对称密码学与代数理论的天然桥梁，更侧重于利用密码算法的内部结构提供精巧的攻击构造。代数分析方法主要包括猜测确定攻击、立方攻击、代数攻击等关键方法。

研究序列密码的分析方法具有以下特殊意义：

I 近年来移动通信飞速发展，电子商务政务、云计算、大数据、人工智能、物联网等技术相继兴起，5G 时代面临巨大的信息吞吐量需求和紧张的信息处理资源限制等挑战，序列密码简单快速、硬件实现规模小等优势凸显，必将得到更加广泛的应用，相应地，完善序列密码的安全性分析方法势在必行；

II 序列密码的研究趋于综合化、标准化，逐渐脱离了传统的个体分析模式，大量新型设计思想（如加入 S 盒、扩散组件、有限状态机）涌现的同时，也激发了大量新型自动化安全性分析方法的诞生，但目前对于这些新型设计思想和新型分析方法的讨论还远远不够成熟；

III 可证明安全是密码学研究领域的必然趋势，而序列密码的可证明安全性研究几乎是刚刚起步，目前主要局限在可证明安全与关键分析方法的关系研究、可证明安全的归约方法研究、基于伪随机序列的"困难问题"构造和分析等三个方面；

IV 相比于分组密码，序列密码更接近信息安全的终极需求"无条件安全"，但序列密码的经典设计和主流分析基本上没有模板可套用，亟需向分组密码学习，建立面向标准的算法设计分析流程。

本文的主要目标是深化序列密码关键代数分析方法的研究，针对目前的典型序列密码设计，建立更加高效、普适的安全性分析模型，同时，攻克新型序列密码设计的分析难点，提供更加科学、完备的分析基础和评估方案。

2　国内外研究现状与存在的问题

序列密码安全性分析方法的研究与序列密码设计思想的发展密切相关。目前序列密码的主流设计思想可分为以下五类：

I 基于线性反馈移位寄存器（LFSR）、非线性反馈移位寄存器（NFSR）、带进位的反馈移位寄存器（FCSR）等密码硬件的序列密码，如 Grain、Trivium、ACORN 等；

II 基于有限扩域上线性驱动与有限状态自动机（FSM）非线性过滤的序列密码，如 ZUC、SNOW、SOSEMANUK 等；

III 基于随机表变换操作的序列密码，如 RC4、HC-256 等；

IV 基于分组密码、杂凑函数的设计思想或借用相关组件的序列密码，如 ARX 类算法、PANAMA 结构算法、Sponge 结构算法、AES 类算法、基于分组密码工作模式的算法等；

V 针对特殊应用场景设计的序列密码，如 Sprout、Fruit、Plantlet、Lizard 等适用于资源受限环境的小状态序列密码，以及 FLIP 等适用于全同态加密方案的序列密码。

现阶段对于上述序列密码的安全性分析方法研究还不透彻，主要原因是面向比特操作的序列密码大都采用 NFSR 作为主要组件，而对于 NFSR 的属性分析并不完善；面向字操作的序列密码往往采用 FSM、模加等非线性逻辑，并且常含有分组密码的某些组件，如 S 盒、T 函数和 P 置换等，进一步加大了序列密码的安全性分析难度；序列密码设计趋于采用极大内部状态和极高初始化轮数，目前普遍缺乏针对这些特点的有效分析思路和办法。基于上述原因，传统序列密码分析方法越来越难以给出新型序列密码设计的有效安全性分析结果。

代数分析方法是一类重要的序列密码安全性分析方法，其中代数攻击的提出直接淘汰了 LFSR 类主流序列密码设计，立方攻击的提出和猜测确定攻击的发展为序列密码的安全性分析提供了新的途径。代数分析的思想可以追溯到 Shannon 于 1949 年的经典论述，但到目前为止，这种分析方法还仍然处在初级阶段。一般来说，代数分析方法主要分为如何建立方程和如何求解方程两大步骤，其中充分利用密码算法的特点将其转化为相对易解的代数方程组是一个十分重要的研究课题。本文主要围绕序列密码的三类关键代数分析方法（猜测确定攻击、立方攻击、代数攻击）展开，从不同角度分析序列密码内部变量之间的代数关系，找到可行的方程系统转换技术，进而提出对上述典型序列密码有效的代数分析方法，特别关注猜测确定攻击路径搜索、立方攻击模型归约优化、代数攻击分析流程规范建立等兼具理论和实际应用意义的问题。

上述三种关键代数分析方法近年来的国内外研究现状与存在问题情况如下：

2.1 猜测确定攻击

猜测确定攻击是对面向字操作的序列密码颇为有效的分析方法，与时间存储数据（TMD）折中攻击一道，可以看作是对序列密码拓扑性质的分析，即重点关注序列密码本身各个变量之间的依赖关系，考察这些依赖关系是否会导致其他攻击方法不易发现的漏洞。猜测确定分析的基本思想是，通过猜测部分内部状态或密钥，利用由密钥流得到的信息，根据内部状态之间的关系，确定剩余的内部状态或密钥，最后通过比较密钥流得到唯一正确解。猜测确定攻击最早由 Andersons 提出，应用于分析 A5 算法[1]。在 NESSIE 计划序列密码的评审阶段，猜测确定攻击起到了重要作用，例如：淘汰了 SNOW 算法[2]，促进了 SNOW 2.0 版本的提出[3]，给出了 LILI-128、SOBER 等算法的有效评估结果。最近 10 年，猜测确定攻击对序列密码的分析更加活跃，被广泛应用到 eSTREAM 计划和 CEASER 竞赛候选算法、部分国际标准算法的安全性评估中。例如，冯秀涛等在亚密会 2010 上提出了对 SOSEMANUK 算法的字节猜测确定攻击[4]，使攻击复杂度降至 O（2^{176}），同样使用猜测确定攻击淘汰了 CEASER 竞赛中的 FASER、Sablier 算法。这类攻击还有 Maximov 和 Biryukov 对于 Trivium 算法的攻击[5]，张斌等对自收缩生成器、Atmel 算法的攻击[6,7]，刘树凯等对 K2 算法的攻击[8]，Borghof 等对 A2U2 算法的攻击[9]，周照存等对 Loiss 算法的攻击[10]，李瑞林等对卫星通信中使用的 GMR-2 算法的攻击[11]，Sébastien 等对 FLIP 较早版本的攻击[12]，等等。上述对序列密码猜测确定攻击的应用大多是基于攻击者的分析经验，采用传统的个体分析模式，并没有建立系统的猜测确定攻击构造方法。2009 年，Ahmadi 和 Eghlidos 提出了启发式猜测确定攻击[13]，给出了一种动态搜索算法，但并不能保证得到路径的最优性。美密会 2011 上，文献［14］利用深度优先搜索方法和有效剪枝条件、中间相遇等技巧给出了面向字节操作的对称密码通用猜测确定路径搜索算法，但仍存在搜索效率、序列密码工作特点针对性等问题。本质上，猜测确定分析是一种策略，其目标就是寻找能够恢复出全部秘密信息的最小猜测集合。

目前该研究方向存在的主要问题有：很难形成系统性的分析方法，目前已有的工作大都是针对个体算法的具体结构特点给出的，对于序列密码猜测确定路径高效自动化搜索方法的研究还处于起步阶段；很难找到猜测确定攻击应用于其他传统分析方法的合理切入点，获得一般性的组合分析方法，进而解决传统分析方法对新型序列密码设计思想不再适用、有效等问题。

2.2 立方攻击

立方攻击作为代数分析的一个重要进展，由 Dinur 等人在 2009 年的欧密会上提出[15]，其基本思想是通过选取适当的初始向量（IV）集合，利用高阶差分的性质来压缩算法初始化函数，将其转化为关于密钥的低阶或线性多项式，进而求解方程获得初始密钥。该攻击方法主要适用于二元域上具有低次代数正规型的密码算法，同时也可作为检验密码算法扩散性的一种有效手段。近年来，立方攻击的研究成果激增，研究技术也趋于多样化，相继提出的立方区分器[16]、条件立方攻击[17]、动态立方攻击[18]、基于可分性质的立方攻击[19] 等方法，也是利用立方和多项式（超级多项式）的零和、偏差、线性、中立等非随机属性来进行区分攻击或密钥恢复。其中，条件立方攻击主要应用于分析基于 Keccak 置换的各类算法[20]，基本思想是通过引入比特条件来控制扩散变量，进而降低输出比特的代数次数，最后通过检测输出比特的零和性质判断比特条件是否成立。这一方法最早由王小云院士团队提出、郭建和宋凌团队持续跟进[21,22]，先后在欧密会 2017、FSE 2017—2018、亚密会 2017—2018、DCC 2018 等国际重要密码学会议和期刊上发表了多篇论文。动态立方攻击最早出现在亚密 2010，由 Dinur 和 Shamir 提出，基本思想是通过在某些 IV 比特位置引入与密钥相关的比特条件，使得某些轮数之后的某个状态比特为 0，再通过检测输出比特的偏差性质判断密钥猜测是否正确。Dinur 和 Shamir 利用 50 维的 Cube，在巨型现场可编程逻辑阵列（FPGA）并行实验平台上给出了对全轮 Grain-128 的实际攻击，但他们的攻击是否可行仍值得商榷，因为实验只检测了在密钥全部猜测正确情况下可能存在偏差性质，并没有检测密钥猜测错误情况下偏差性质是否会消失，且实验量的不足降低了结果的可信度。基于可分性质的立方攻击，旨在利用可分性质[23]和混合整数线性规划模型（MILP）确定立方和多项式中包含哪些密钥比特。当立方和多项式包含的密钥比特数量较少时，其真值表可以在有效时间内完全恢复，进而过滤出正确的密钥比特。此方法可借助 Gurobi 等 MILP 问题求解器进行高效计算，在美密会 2017 上首次被 Todo 等人提出，在美密会 2018 上王庆菊等人[24]利用立方和多项式的低次性质，大幅改进了之前的立方攻击结果，刷新了 Trivium、Kreyvium、ACORN、Grain 等序列密码算法的初始化攻击轮数。在美密会 2017 上，刘美成基于数字映射的概念给出了一种 NFSR 序列密码的代数次数评估方法[25]，改进了 Trivium 类算法的动态立方攻击结果，进一步在欧密会 2018 上提出了从弱密钥区分器到密钥恢复的相关立方攻击[26]。

综上所述，序列密码的立方攻击技术发展迅速，进一步改进优化的空间很大，**目前有待加深研究的问题主要包括**：立方攻击的理论基础还不完善，特别是相对于立方攻击的零和、线性、中立等非随机性质的理论研究，立方攻击的偏差性质研究还不够深入，没有准确的数学刻画；现有立方攻击模型的建立还不足够精确，对攻击细节的描述并不全面；序列密码立方攻击的可证明安全、高速硬件实验实现等方面的研究尚在起步阶段，存在较大的研究空白。

2.3 代数攻击

代数攻击的提出是密码分析理论的一个重要突破，求解低次数非线性多变量方程组的有效算法提出（例如线性化方法、XL 算法、Gröbner 基等）引起了人们对代数攻击的广泛关注。2003 年，Courtois 等人[27]正式提出了序列密码代数攻击的思想，即通过寻找滤波函数的低次倍式来降低方程系统的阶，并将之应用于基于 LFSR 的无记忆序列密码 Toyocrypt 和 LILI-128 的分析，业界反响强烈。为抵抗此类攻击，欧密会 2004 上文献［28］提出了布尔函数代数免疫度的概念，随后多篇文献对代数免疫度的性质进行了分析，并构造了一批代数免疫度最优函数。为了判定布尔函数的代数免疫度，文献［29，30］相继给出了基于不同技术的计算方法。为了进一步降低方程次数，Courtois 在美密会 2003 上提出了利用连续多比特密钥流和 B-M 算法来寻找更低次方程的快速代数攻击[31]。为了加速快速代数攻击中的预计算过程，FSE 2004 和美密会 2004 上相继给出了优化算法[32,33]，其中 HaFKes 和 Rose 提出的快速傅里叶变换方法，也同时降低了快速代数攻击的分析复杂度。进一步，人们发现最优代数免疫度函数并不足以抵抗快速代数攻击，并针对性地提出了（e，d）-对的概念。亚密会 2012 上文献［34］提出的完美代数免疫函数，完备了两种代数攻击的抵抗能力，为密码函数构造领域提供了新的研究方向。美密会 2003 上，Armknecht 和 Krause 给出了对带记忆的序列密码的代数攻击[35]，攻击基础是通过寻找 LFSR 状态和密钥流之间的低次 z-关系来消去记忆状态的影响，随后 Courtois 在文献［36］中对此类模型进行了更一般的理论分析，证明了此类攻击的普遍存在性和有效攻击界。目前，代数攻击已广泛应用于 LILI-128、Toyocrypt、WG7、Sfinks、E0、SOBER-32 等序列密码的安全性分析，成功的关键因素在于这些算法线性反馈的内部状态和密钥流比特通过非线性滤波或组合函数直接连接，缺乏代数次数的动态增长，易导出关于一定个数变量的大量固定次数代数关系式，从而易被零化并恢复初始状态，这也是目前唯一可理论分析的代数攻击方法。SAC 2008 上文献［37］给出了一类 NFSR 扩展序列的代数攻击，特别分析了 Grain 算法的变种，指出了对 NFSR 状态进行线性抽取是不安全的。同年，文献［38］分析了 Grain 算法的代数次数增长曲线，尝试将猜测确定攻击技巧引入代数攻击。另一方面关于对称密码的另一主流算法分组密码，文献［39，40］给出了混淆层由小 S 盒组成、线性扩散层密钥独立的分组密码的代数攻击，攻击原理基于 S 盒可以被描述为一个超定代数方程系统，进而将整个分组密码写成以明密文、轮密钥和中间状态为变量的代数方程组。随着序列密码新型设计思想的引入，代数攻击模型的局限性凸显，很多算法设计加入了非线性反馈、S 盒等更加丰富的非线性操作，使得传统的代数攻击不再适用，亟需引入更多的分析理论和技术给出序列密码典型分类的系统化评估流程。

为达成这一目标，**目前该研究方向需要解决的主要问题有：**如何扩大序列密码代数攻击的应用范围，找到有效控制非线性组件代数次数的方法；如何将 XL、SAT 等代数手段与对序列密码本身的攻击构造有机地结合起来，而不再是单纯的方程求解直接使用；如何提高计算密码组件代数免疫强度的算法执行效率，找到 S 盒、FSM 等非线性组件的低次数代数方程描述，为密码算法的安全性设计提供有效测试工具等。

综合上述三种代数分析方法的研究成果，可以看出代数分析方法对序列密码的安全性评估乃至设计理论的发展都起着不可或缺的作用，但在构建关键分析方法的攻击模型、系统流程，优化关键分析方法的搜索方案、构造策略等方面仍有待完善。

3 本文的主要工作

基于序列密码代数分析方法的研究现状，本文的主要工作有：

（1）提出了 PANAMA 结构序列密码猜测确定攻击构造方法：针对 PANAMA 结构

序列密码，利用启发式动态搜索方法，结合基础猜测单元拆分等技巧，对标准算法 MUGI、Enocoro 系列进行了安全性分析，得到了目前最优的猜测确定攻击结果。相关成果发表在期刊 IET Information Security 上[42]。加入初始猜测集修正了启发式算法的选择轨迹、通过猜测基迭代删去非必须猜测变量，得到了 SNOW-V 算法目前第一个完整攻击结果，相关成果发表在期刊 The Computer Journal 上[53]。

（2）提出了序列密码猜测确定攻击组合分析方法：分别提出了猜测确定攻击与时间-存储-数据折中攻击、布尔函数的正则性、线性逼近技巧、整数规划问题相结合的组合分析方法，首次提出了条件采样抵抗的概念。通过 sampling resistance 给出的数据量，猜测部分状态信息进而恢复余下状态信息，使得搜索空间缩减。据此提出了对不规则钟控滤波生成器模型的改进攻击，并证实了在这种攻击模型下，改进攻击所需的复杂度总是优于一般时间-存储-数据折中攻击的复杂度。进一步用此攻击方法对密码算法 LILI-128 进行实验，得到目前攻破这一算法的最优结果。另外引入线性正规性的技巧，对密码算法 Grain-v1 进行了分析，攻击复杂度均优于以往对 Grain-v1 在单密钥-IV 对情形下的时间-存储-数据折中攻击，且攻击复杂度低于安全界。通过整数线性规划与线性逼近技术，给出评估流密码算法的一般性分析方法，为算法设计与分析提供安全界的依据，用此方法对密码算法 ACORN 的安全界进行了评估。通过加入了前向方程搜索、二次方程线性转化、整体框架时间存储折中等技巧，对 Trivium 算法进行了安全性分析。相关成果分别发表在 IET Information Security、ISC 2015、INSCRYPT 2012 上[41,44,48]。

（3）提出了计算对称密码组件代数免疫指标的系列有效算法：提出了更高效的布尔函数代数免疫度和快速代数免疫参数（e，d）-对计算方法，首次提出了向量值布尔函数（S 盒）图形代数免疫度的快速计算方法，为分组密码的代数攻击安全性评估提供了有效工具。对学者 Armknecht 等提出的计算代数免疫度的算法进行正确性分析，指出原算法存在的问题和错误，并给出修正算法以及准确的复杂度估计。应用此修正算法，分析者可有效评定密码算法部件抵抗代数攻击的能力。我们同时分析了学者 Armknecht 等提出的计算快速代数免疫度的算法，指出其为概率算法，并给出了算法的成功概率分析。在修正算法的基础上，我们给出了计算向量值布尔函数图形代数免疫度的算法，且这一算法可以给出 S 盒所有最低次隐式方程，而这正是分组密码代数攻击的核心步骤。相关成果发表在 ISC 2014 上[45]。以该算法为基础，申请人编写了布尔函数代数免疫度及零化子自动计算系统，取得软件注册权一项[50]。

（4）优化了多类代数攻击的攻击流程和攻击复杂度：梳理了代数攻击、快速代数攻击、广义代数攻击、Rønjom-Helleseth 攻击等多类代数攻击的应用场景、攻击过程与复杂度分析，发现这一步骤如果使用直接的方法来完成，在某些情形下这一步骤所需的复杂度主导了整体攻击的时间或空间复杂度，特别是在快速代数攻击当中尤为显著。为解决这一问题，首次引入单项式状态转移矩阵 Frobenius 型的概念对各类攻击中的密钥流代入过程进行了优化，降低了隐性攻击复杂度需求。相关成果发表在 ISC 2013 上，申请人为第一作者、通信作者[46]。

（5）提出了退化零化子的概念，建立了退化零化子的理论基础：首次提出了变量个数减少的退化零化子概念，进而建立起退化零化子的基础理论，包括证明非零退化零化子存在性的等价条件、一阶退化零化子的普遍存在性以及代数免疫度与退化阶之间的关系。在此基础上，我们给出退化零化子的两个应用，其一为学者 Pasalic 提出的对滤波生成器的猜测确定攻击的一个变体，且在某些情形下，变体的攻击效果更具优势；其二为一个用于筛查具有低次零化子的布尔函数的概率算法，可以用其来筛去大量不足以抵抗代数攻击的密码算法部件。相关成果发表在期刊 Chinese Journal of Electronics 上，申请人为第一作者、通信作者[47]。

（6）优化了基于可分性质的立方攻击模型：通过在建模过程中加入"标签"记录非活跃 IV 比特状态，增加了模型精度，省去了确定合适的非活跃 IV 取值的额外计算量，通过 MILP 模型确定了超级多项式的代数次数，并穷举了所有可能的单项式，替换了一次性求出规模庞大的真值表的立方和多项式导出方法，进一步降低了对 TRIVIUM、Kreyvium、TriviA-SC1/2 、Grain-128a、ACORN 的攻击复杂度。相关成果发表在期刊 IEEE Transactions on Computers 上[51]。

（7）建立了基于可分性质立方攻击与动态立方攻击、偏差立方区分器的关系，给出了动态立方攻击有效性理论依据：建立偏差现象与可分性质之间的联系，利用带标签的可分性质和代数次数评估方法，给出立方和多项式偏差下界的准确刻画和量化指标；寻找新的 MILP 建模方法，用来描述在使用空化策略时的可分性质传播方式，建立既能够描述正确密钥猜测下的零和或偏差现象、又能够分析错误密钥猜测下的随机性的立方攻击数学模型，给出理论的分析结果；建立偏差性质和引入比特条件之间的联系，判断立方偏差性质是否存在，给出动态立方攻击成功概率的准确计算方法。给出经典序列密码类 Grain 系列算法和类 Trivium 系列算法关于立方和多项式的零和区分器和偏差区分器的安全性评估。相关成果发表在期刊 ToSC[55]。

另外，本文使用了序列密码的分析方法，提出了 LPN 问题的高效求解算法：LPN 问题是基于伪随机序列的"困难问题"，等价于随机线性码译码问题，是后量子密码构造的核心假设之一，我们在 BKW 求解算法中引入整数线性规划技术和最优级联完备码构造方案，首次攻破了 HB 系列、LPN-C、Lapin 等由国际著名密码学家 Henri Gilbert 设计的密码方案的 80 比特安全界。相关成果发表在密码学顶级会议 EUROCRYPT 2016 上[43]。我们后续通过全局 BKW 优化、覆盖码种类扩展等技巧进行了后续优化，修正了该问题的 NIST 后量子安全要求，该成果发表于期刊 IET Information Security[54]。

序列密码的设计与分析息息相关，我们深入分析了典型序列密码的设计思想、代表性算法、发展趋势：从加密算法设计思路、整体结构、基本组件、应用领域等多角度梳理了现有的序列密码设计和代表性算法，从安全性、实现代价等方面分析了这些算法的优劣，为后续序列密码的针对性分析工作打好了坚实的基础。相关成果已投稿至 SCIENCE CHINA Information Sciences[52]。参与研制了 ZUC-256 序列密码算法（5G 国际标准密码算法提交）：为了适应 5G 安全需求，在冯登国研究员领衔研制的 ZUC-128 序列密码基础上（我国首个国际标准、3GPP 核心算法），设计了 256 比特密钥升级版，提供更高安全强度的数据机密性与完整性保护。新提出的初始化方法兼容性高、装载简单、差分传播迅速，可变长度认证标签生成方法基于泛杂凑函数构造、效率高、占用硬件资源少、可证明安全[49]。

4　结论

信息安全关乎国家安全和社会安全，一旦失守就会面临巨大的政治、经济风险。加深关键代数分析方法研究，为验证序列密码安全性提供理论和技术依据，是保障序列密码能够在各类重要部门、领域安全可靠应用的必要条件。因此，我们对本文的工作进行简要的展望：

（1）提出高效的序列密码猜测确定路径自动化搜索算法，提出基于猜测确定攻击的组合攻击方法，给出具体热点算法的猜测确定攻击结果，相关成果达到世界先进水平。

（2）提出优化的序列密码立方攻击模型，提高模型求解精度，刻画立方偏差性质，给出动态立方攻击的理论基础，提出可证明安全规约方法，给出硬件实验平台搭建的可行性分析，在立方攻击理论研究等多方面取得实质性进展。

（3）提出更高效的评估序列密码非线性组件、整体结构、典型分类代数免疫强度的方法，建立系统的序列密码代数攻击分析流程单，突破代数攻击的应用局限性。

参考文献

［1］ Alex Biryukov, Adi Shamir, and David Wagner. Real time cryptanalysis of A5/1 on a pc. FSE 2000 New York, NY, USA, April 10-12, 2000 Proceedings. Springer Berlin Heidelberg, 2001, pages 1-18.

［2］ Philip HaFKes and GregoryG. Rose. Guess-and-determine attacks on SNOW. SAC 2002 St. John's, Newfoundland, Canada, August 15-16, 2002. Springer Berlin Heidelberg, 2003, pages 37-46.

［3］ Ekdahl P , Johansson T . A New Version of the Stream Cipher SNOW. Selected Areas in Cryptography Sac, 2002, pages 47-61.

［4］ Xiutao Feng, Jun Liu, Zhaocun Zhou, Chuankun Wu, and Dengguo Feng. A byte-based guess and determine attack on SOSEMANUK. ASIACRYPT 2010. Springer Berlin Heidelberg, 2010, pages 146-157.

［5］ Alexander Maximov and Alex Biryukov. Two trivial attacks on TRIVIUM. SAC 2007, Ottawa, Canada, August 16-17, 2007, Revised Selected Papers. Springer Berlin Heidelberg, 2007, pages 36-55.

［6］ Bin Zhang, Dengguo Feng. New Guess-and-Determine Attack on the Self-Shrinking Generator. ASIACRYPT 2006, pages 54-68.

［7］ Alex Biryukov, Ilya Kizhvatov, and Bin Zhang. Cryptanalysis of the Atmel cipher in securememory，cryptomemory and cryptorf. ACNS 2011. Proceedings. Springer Berlin Heidelberg，2011，pages 91-109.

［8］常亚勤，刘树凯，关杰．针对流密码 K2 算法的猜测决定攻击［J］．计算机工程，2011，37（7）：168.

［9］Mohamed Ahmed Abdelraheem，Julia Borghoff，Erik Zenner，and Mathieu David. Cryptanalysis of the light-weight cipher A2U2. IMACC 2011. Springer Berlin Heidelberg，2011，pages 375-390.

［10］周照存，刘骏，冯登国．对 Loiss 算法的猜测确定分析［J］．中国科学院大学学报，2012，29（1）.

［11］Hu Jiao，Li Ruilin，Tang Chaojing. A real-time inversion attack on the GMR-2 cipherused in the satellite phones. SCIENCE CHINA Information Sciences 61（3），032113（2018）.

［12］Sébastien Duval，Lallemand V，Rotella Y. Cryptanalysis of the FLIP Family of Stream Ciphers. Crypto，2016，pages 457-475.

［13］H. Ahmadi and T. Eghlidos. Heuristic guess-and-determine attacks on stream ciphers. Information Security，IET，2009，3（2）：66-73.

［14］Patrick. Derbez charles bouillaguet and pierre-alain fouque. automatic search of attacks on round-reduced AES and applications. Crypto，2011，pages 169-187.

［15］Itai Dinur and Adi Shamir. Cube attacks on tweakable black box polynomials. In Antoine Joux，editor，EUROCRYPT，volume 5479 of LNCS，pages 278-299. Springer，2009.

［16］Jean-Philippe Aumasson，Itai Dinur，Willi Meier，Adi Shamir. Cube testers and key recovery attacks on reduced-round MD6 and Trivium. FSE，volume 5665 of LNCS，pages 1-22. Springer，2009.

［17］Zheng Li，Xiaoyang Dong，Xiaoyun Wang. Conditional Cube Attack on Round-Reduced ASCON. IACR Trans. Symmetric Cryptol.，2017，pages 175-202.

［18］Itai Dinur and Adi Shamir. Breaking Grain-128 with dynamic cube attacks. In Antoine Joux，editor，FSE，volume 6733 of LNCS，pages 16-187. Springer，2011.

［19］Yosuke Todo，Takanori Isobe，Yonglin Hao，Willi Meier，Cube Attacks on Non-

Blackbox Polynomials Based on Division Property, CRYPTO (3) 2017, pages: 250-279.

[20] Itai Dinur, Pawel Morawiecki, Josef Pieprzyk, et al. Cube attacks and cube-attack-like cryptanalysis on the round-reduced Keccak sponge function. EUROCRYPT Part I, pages 733-761. 2015.

[21] Wenquan Bi, Zheng Li, Xiaoyang Dong, Lu Li, Xiaoyun Wang. Conditional cube attack on round-reduced River Keyak. Des. Codes Cryptography, 86 (6), pages 1295-1310, 2018.

[22] Ling Song, Jian Guo, Danping Shi, San Ling. New MILP Modeling: Improved Conditional Cube Attacks on Keccak-Based Constructions. ASIACRYPT 2018, Part II, pages 65-95.

[23] Yosuke Todo. Structural evaluation by generalized integral property. In Elisabeth Oswald and Marc Fischlin, editors, EUROCRYPT Part I, volume 9056 of LNCS, pages 287-314. Springer, 2015.

[24] Qingju Wang, Yonglin Hao, Yosuke Todo, Chaoyun Li, et al. Improved Division Property Based Cube Attacks Exploiting Algebraic Properties of Superpoly. CRYPTO (1) 2018, pages 275-305.

[25] Meicheng Liu, Degree Evaluation of NFSR-Based Cryptosystems. CRYPTO (3) 2017: 227-249.

[26] Meicheng Liu, Jingchun Yang, Wenhao Wang, et al. Correlation Cube Attacks: From Weak-Key Distinguisher to Key Recovery, EUROCRYPT 2018, pages 715-744.

[27] NicolasT. Courtois and Willi Meier. Algebraic attacks on stream ciphers with linear feedback. EUROCRYPT 2003. Springer Berlin Heidelberg, 2003, pages 345-359.

[28] Willi Meier, Enes Pasalic, and Claude Carlet. Algebraic attacks and decomposition of Boolean functions. EUROCRYPT 2004. Springer Berlin Heidelberg, 2004, pages 474-491.

[29] Frédéric Didier. Using Wiedemann's algorithm to compute the immunity against algebraic and fast algebraic attacks. INDOCRYPT 2006. Springer Berlin Heidelberg, 2006, pages 236-250.

[30] Frederik Armknecht, Claude Carlet, Philippe Gaborit, et al. Efficient computation

of algebraic immunity for algebraic and fast algebraic attacks. EUROCRYPT 2006. pages 147-164.

[31] Nicolas T. Courtois. Fast algebraic attacks on stream ciphers with linear feedback. CRYPTO 2003, Santa Barbara, California, USA, August 17 - 21, 2003. pages 176-194.

[32] Frederik Armknecht. Improving fast algebraic attacks. FSE 2004, Delhi, India, February 5-7, 2004. Revised Papers. Springer Berlin Heidelberg, 2004, pages 65-82.

[33] Philip HaFKes and GregoryG. Rose. Rewriting variables: The complexity of fast algebraic attacks on stream ciphers. CRYPTO 2004. Springer Berlin Heidelberg, 2004, pages 390-406.

[34] Meicheng Liu, Yin Zhang, and Dongdai Lin. Perfect algebraic immune functions. ASIACRYPT 2012, Beijing, China, December 2-6, 2012. Proceedings. Springer Berlin Heidelberg, 2012, pages 172-189.

[35] Frederik Armknecht and Matthias Krause. Algebraic attacks on combiners with memory. CRYPTO 2003, Santa Barbara, California, USA, August 17 - 21, 2003. pages 162-175.

[36] NicolasT. Courtois. Algebraic attacks on combiners with memory and several outputs. ICISC 2004, Seoul, Korea, December 2-3, 2004, Revised Selected Papers. , pages 3-20.

[37] Côme Berbain, Henri Gilbert, and Antoine Joux. Algebraic and correlation attacks against linearly filtered nonlinear feedback shift registers. SAC 2008. pages 184-198.

[38] M. Afzal and A. Masood. Algebraic cryptanalysis of a NLFSR based stream cipher. ICTTA 2008, pages 1-6.

[39] NicolasT. Courtois and Josef Pieprzyk. Cryptanalysis of block ciphers with overdefined systems of equations. ASIACRYPT 2002, pages 267-287.

[40] Alex Biryukov and Christophe Canniere. Block ciphers and systems of quadratic equations. FSE 2003, pages 274-289.

[41] Lin Jiao, Yonglin Hao, Yongqiang Li. Improved guess-and-determine attack on TRIVIUM. IET Information Security 13 (5): 411-419 (2019).

［42］Lin Jiao, Yongqiang Li, Yonglin Hao. Guess-and-Determine Attacks on PANAMA -like Stream Ciphers. IET Information Security, 2018, 12（6）：484-497.

［43］Bin Zhang, Lin Jiao, Mingsheng Wang. Faster Algorithms for Solving LPN. EUROCRYPT 2016, pages 168-195.（第一作者为博士导师）

［44］Lin Jiao, Bin Zhang, Mingsheng Wang. Two Generic Methods of Analyzing Stream Ciphers. ISC 2015, pages 379-396.

［45］Lin Jiao, Bin Zhang, Mingsheng Wang. Revised Algorithms for Computing Algebraic Immunity against Algebraic and Fast Algebraic Attacks. ISC 2014, pages 104-119.

［46］Lin Jiao, Bin Zhang, Mingsheng Wang. Establishing Equations：The Complexity of Algebraic and Fast Algebraic Attacks Revisited. ISC 2013, pages 169-184.

［47］Jiao Lin, Wang Mingsheng, Li Yongqiang, Liu Meicheng. On Annihilators in Fewer Variables：Basic Theory and Applications. Chinese Journal of Electronics, 2013, 22（3）：489-494.

［48］Lin Jiao, Mingsheng Wang, Bin Zhang, Yongqiang Li. An improved time-memory-data trade-off attack against irregularly clocked and filtered keystream generators. INSCRYPT 2012, pages 294-310.

［49］ZUC-256 算法，5G 安全技术国际标准算法提交：ZUC 算法研制组，ZUC-256 流密码算法，密码学报，2018, 5（2）：167-179. http：//www. is. cas. cn/ztzl2016/zouchongzhi/index. html. http：//dacas. cn/thread. aspx？ID=3621

［50］布尔函数代数免疫度及零化子自动计算系统 V1. 0，登记号 2016SR089272，原始取得，全部权利，2014. 4. 30. ［软件著作权］

［51］Yonglin Hao, Takanori Isobe, Lin Jiao, Chaoyun Li, Willi Meier, Yosuke Todo and Qingju Wang. Improved Division Property Based Cube Attacks Exploiting Algebraic Properties of Superpoly. IEEE Trans. Computers 68（10）：1470-1486（2019）.

［52］Lin Jiao, Yonglin Hao, DengGuo Feng. Stream Cipher Designs：A Review. SCIENCE CHINA Information Sciences.

［53］Jiao Lin, Li Yongqiang, Yonglin Hao. A Guess-and-Determine Attack on SNOW-V Stream Cipher. The Computer Journal.

［54］ Jiao Lin. Specifications and improvements of LPN solving algorithms. IET Information Security.

［55］ Yonglin Hao, Lin Jiao, Chaoyun Li, Willi Meier, Yosuke Todo, Qingju Wang. Links between Division Property and Other Cube Attack Variants. ToSC Issue 1 2020.

公钥加密方案：抗新型密码攻击及紧致安全性

韩　帅

（上海交通大学，电子信息与电气工程学院，上海，200240）

[摘要] 近年来，公钥加密方案有两项研究热点。第一个是设计可抵抗新型密码分析和攻击技术的公钥加密方案。随着密码方案应用环境的复杂化以及新型密码分析技术的出现，攻击者具备更强的攻击能力，例如可以获得与私钥相关消息的密文、获得私钥的部分泄露信息或者对设备进行物理攻击进而使设备在相关密钥下运行等。在这些新的应用场景中，许多传统的密码方案已变得不再安全。如何从理论层面设计可有效地抵抗这些特殊攻击手段的公钥加密方案引起了国内外密码学者的大量研究。第二个是设计紧致安全的公钥加密方案。紧致安全的公钥加密方案具有较小的安全损失因子，因此可在较小规模的群上运行，方案更为灵活，更适用于大规模加解密场景。本文将分别对这两个方向的研究进展和最新技术做简要介绍。

[关键词] 公钥加密方案；依赖密钥消息安全；抗密钥泄露攻击安全；抗相关密钥攻击安全；紧致安全规约

Public-Key Encryption: Security against new attacks and Tight security reduction

Shuai Han

（School of Electronic Information and Electrical Engineering,

Shanghai Jiao Tong University, Shanghai, 200240）

[**Abstract**] In recent years, there are two research focuses on public-key encryption (PKE) schemes. The first one is the design of PKE schemes resilient to new types of cryptanalysis and attacks. With the advent of complicate application scenarios and novel cryptanalysis techniques, attackers may launch new types of attacks on PKE schemes. For example, the attacker is able to obtain the encryptions of key-dependent messages, obtain leakage information about the secret key, or observe the input-output behavior of the cryptographic scheme under related/modified keys through tampering and fault injection techniques. In the presence of these attacks, many PKE schemes designed in the traditional security model become completely insecure and inapplicable, or it is hard for us to prove their security. To resist these new types of attacks, we have to re-design PKE schemes for these specific scenarios and prove their security mathematically and rigorously. The second research focus is the design of PKE schemes with tight security reductions. For a tightly secure PKE scheme, the security reduction has a small security loss, thus it allows us to choose a small security parameter, and makes the PKE schemes flexible and suitable for settings of large scales. In this report, we will briefly introduce the research progress and latest techniques in these two directions.

［**Keywords**］Public-key encryption；Key-dependent message security；Key leakage-resilient security；Relate-key attack security；Tight security reduction

1 引言

1976 年，Diffie 和 Hellman 在《密码学的新方向》[13]一文中首次提出了公钥密码的思想，是密码学的重要里程碑。公钥密码思想的提出使得密码学的应用变得更为广泛。通信双方不再需要事先通过物理手段共享一个密钥，才能进行安全的通信。随着互联网的发展，公钥密码方案广泛应用于各种场景之中，比如电子邮件、电子商务。1984 年，Goldwasser 和 Micali[17]首次对一个密码方案进行了严格的安全性分析和证明，可谓是可证明安全的第一个范例。可证明安全的主要思想是，对一个密码方案所能提供的安全性（即安全目标）、可以抵抗的攻击手段（即敌手能力）进行严格的定义，然后通过严谨的数学分析方法，将方案的安全目标规约到某个假定的困难问题上，即给出如下的定理：

"如果问题 P 是困难的，那么对于所有具有攻击能力 A 的敌手而言，密码方案具备 S 的安全性。"

安全模型。对于公钥加密方案而言，最基本的安全目标是密文的不可区分性（indistinguishability，IND）；敌手的能力主要有选择明文攻击（chosen-plaintext attack，CPA）[17] 和选择密文攻击（chosen-ciphertext attack，CCA）[32]。IND 安全性要求，对于两个不同（但长度相等）的消息 m_0 和 m_1，它们的密文是计算不可区分的。CPA 能力的敌手，可以在整个攻击阶段进行加密查询；CCA 能力的敌手，除了在整个攻击阶段可以进行加密查询外，还可以对除挑战密文以外的任何密文进行解密查询。不同的安全性目标和不同的敌手能力，可以组合出不同的安全模型，比如 IND-CPA、IND-CCA 等。随着密码技术的广泛应用和攻击手段的发展，IND-CPA 安全模型已经不能满足现今大多数应用场景了。一般而言，IND-CCA 是公钥加密方案最基本的安全模型。

值得注意的是，IND-CCA 安全模型中隐藏了一个十分理想的假设，即方案的私钥 sk 对于敌手而言是完全保密的，敌手只能通过解密查询来学习和获得 sk 的部分信息。然而在实际应用中，私钥 sk 还可能会以其他的方式泄露给敌手。

·**依赖密钥消息攻击（key-dependent message，KDM）**。在硬盘加密场景中[7]，由于方案的设计方式或者用户的操作习惯，硬盘加密软件可能将密钥连同用户的数据一起进行加密。一个典型的例子就是 Windows Vista 操作系统中的 BitLocker 硬盘加密工具。这样敌手就能够获得与密钥相关消息的密文。

·**密钥泄露攻击（leakage-resilient，LR）**。已有大量研究表明，敌手可以通过侧信道等手段对密码设备进行分析[23]，例如时间分析、功耗分析、电磁波分析、温度分析等，进而获得关于密钥的额外泄露信息，并利用该信息来攻破密码算法的安全性。

·**相关密钥攻击（related-key attack，RKA）**。随着篡改以及故障注入等攻击技术的发展[6]，敌手可以通过对硬件设备进行干扰，如加热或物理破坏，使得密码方案不再使用原始密钥，而是在受到影响（篡改）的密钥下运行。这样，敌手可以通过观测密码方案在使用相关密钥（篡改后的密钥）运行下的结果，获得密钥的部分信息。

由于传统的 IND-CCA 安全模型中刻画的敌手不具有这些攻击能力，因此可证明安全并不能保证 IND-CCA 安全的公钥加密方案在上述场景中仍能达到安全目标。为了从理论层面有效地抵抗这些特殊的攻击手段，近年来许多密码学者在这些新的应用场景中，设计了专门的可证明安全公钥加密方案。

安全规约。在刻画好方案的安全模型、选择适当的困难问题之后，可证明安全最重要的一步是将方案的安全性规约到困难问题上。安全规约实际上就是利用一个攻击公钥加密方案安全性的敌手 A 来构造一个解决困难问题的算法 B。如果敌手 A 的运行时间为 t，成功概率为 ϵ_A，那么我们希望算法 B 的运行时间也大约是 t，成功概率 ϵ_B（依赖于 ϵ_A）尽可能地高。参数 $\theta := \epsilon_A/\epsilon_B$ 衡量了安全规约的损失程度，称之为安全损失因子（security loss）。我们希望损失因子 θ 尽可能地小。

通常而言，损失因子 θ 不仅与安全参数有关，还会与一些受敌手控制的参数有关，比如敌手进行加密查询的次数 Q_e、解密查询的次数 Q_d 等。一般情况下，Q_e 和 Q_d 都远大于安全参数：在典型的场景下，安全参数选取 128 就已经足够了，而 Q_e 和 Q_d 可以高达 2^{30}。如果安全规约的损失因子 θ 只与安全参数相关，而与 Q_e 和 Q_d 无关，我们就称这个公钥加密方案是紧致规约的；否则，我们称之为是松散规约的。

与松散的安全规约相比，紧致的安全规约有很多优点：具有较小的安全损失因子，可选择较小的安全参数，方案运行在较小规模的代数群上，方案更为灵活，更适用于大规模加解密场景等。

2 研究现状

下面，我们将对 KDM、LR 和 RKA 安全的公钥加密方案、以及具有紧致安全规约的公钥加密方案的国内外研究现状进行逐一的介绍和总结。

2.1 KDM 安全的公钥加密方案

依赖密钥消息安全性（key-dependent message，KDM）可以保证由私钥 sk 直接计算而来的消息 f(sk) 的安全性。KDM 安全的公钥加密方案除了在硬盘加密等场景有着重要应用，还在匿名认证系统[9]、全同态加密[16]以及一些高级密码协议[9]中起着关键作用。

敌手的 KDM 攻击能力，主要由其所能查询的私钥函数集合 F 所决定。具体来说，称一个公钥加密方案是 KDM［F］-CPA 安全的，如果敌手在获得了 ℓ 个用户的公钥 pk_1，…，pk_ℓ 的情况下，不能有效区分与私钥相关消息 f（sk_1，…，sk_ℓ）的密文以及常数消息（如全零消息 0）的密文，其中函数 f 可以由敌手在集合 F 中动态地选取。如果敌手还可以进行解密查询，那么就称公钥加密方案是 KDM［F］-CCA 安全的。KDM 所支持的私钥函数集合 F 越大，其安全性就越好。典型的私钥函数集合 F 包括选择函数集合 F_{circ}、仿射函数集合 F_{aff} 和多项式函数集合 $F_{poly}{}^d$，其中 d 为多项式函数集合中多项式函数的最高次数。下面我们将主要以 KDM 安全性所能支持的私钥函数集合和方案效率这两个方面作为指标，对 KDM-CCA 的已有工作进行分析和总结。

KDM-CCA 安全的公钥加密方案。2009 年，Camenisch、Chandran 和 Shoup[8] 设计出了第一个 KDM-CCA 安全的公钥加密方案。事实上，他们在该工作中提出了一个构造 KDM-CCA 安全公钥加密方案的通用框架，利用 Naor-Yung 的"两把钥匙"模式[32]，将一个 KDM-CPA 安全公钥加密方案、一个 IND-CCA 安全公钥加密方案和一个证明这两个公钥加密方案加密相同消息的非交互零知识证明系统（non-interactive zero-knowledge，NIZK），转化为一个 KDM-CCA 安全的公钥加密方案。此外，他们还应用该框架给出了一个具体实例，得到第一个 KDM［F_{aff}］-CCA 安全的公钥加密方案。该实例安全性基于 DDH 假设，支持的私钥函数集合为仿射函数集合，但密文是不紧凑的。

为了构造高效的、密文紧凑的 KDM-CCA 安全公钥加密方案，Hofheinz[24] 提出了一种新的构造方法。在该工作中，他引入了一种新的工具，称为有损代数过滤器（lossy algebraic filter，LAF）。这种新的工具可以看成是有损陷门函数[33] 的代数变种，可以保证在有损模式下，函数值只泄露关于输入的一个固定的线性组合值。利用有损代数过滤器，Hofheinz 设计出了第一个密文紧凑的、KDM［F_{circ}］-CCA 安全的公钥加密方案，其密文只包括常数个群元素。该方案的安全性同时基于 DDH 和 DCR 这两个假设。该方案虽然效率高、密文紧凑，但是所支持的私钥函数集合 F_{circ} 太过有限，仅包括选择函数和常值函数。

事实上，如何构造一个 KDM-CCA 安全的公钥加密方案，使其支持尽可能大的私钥函数集合 F，同时还能保证方案的高效性，是一项极具挑战性的工作。2015 年，Lu、Li 和 Jia[29] 在这一方面做出了重要的贡献，他们构造出了第一个高效的、密文紧凑的

KDM $[F_{aff}]$ -CCA 安全公钥加密方案，其密文甚至只包括 7 个群元素。该方案的安全性同时基于 DDH 和 DCR 这两个假设，所支持的私钥函数集合 F_{aff} 包括所有的仿射函数。在该工作中，他们使用了一个很重要的工具，即 RKA 安全的认证加密方案（authenticated encryption，AE）。他们利用在 RKA 攻击下同时具有密文不可区分性和完整性的认证加密方案，构造出了 KDM-CCA 安全的公钥加密方案。

2.2　LR 安全的公钥加密方案

抗密钥泄露安全性（leakage-resilient，LR）是指在敌手可以获得关于私钥 sk 的部分泄露信息情况下，公钥加密方案的安全性仍能得到保证。在抗密钥泄露安全模型中，敌手获得私钥 sk 的泄露信息是通过访问密钥泄露预言机 Leak（sk，·）来刻画的：每一次敌手可以提交一个可有效计算的泄露函数 f，并获得相应的泄露信息 f（sk）。显然，为了使安全性可满足，我们需要对敌手提交的泄露函数 f 做出一定限制，例如敌手不能从 f（sk）中恢复出完整的密钥 sk。

这里我们主要考虑由 Akavia 等人[2] 提出的有界内存泄露（bounded memory leakage）模型。在该模型中，对敌手获得的密钥泄露信息长度 | f（sk）| 进行限制，即要求密钥泄露的长度 | f（sk）| 不超过密钥本身的长度 | sk |。在该模型下，我们定义可容许的密钥泄露长度与密钥本身长度之间的比值 | f（sk）| / | sk | 为密钥泄露比率。密钥泄露比率越接近于 1，密码方案的抗密钥泄露安全性就越好。

下面我们将主要以 LR 安全性所能容许的密钥泄露比率和方案效率这两个方面作为指标，对 LR-CCA 的已有工作进行分析和总结。

LR-CCA 安全的公钥加密方案。2009 年，Naor 和 Segev[31] 设计出了第一个 LR-CCA 安全的公钥加密方案。在该工作中，他们将 Naor-Yung 的"两把钥匙"框架[32] 扩展到了抗密钥泄露安全性上，提出了一个构造 LR-CCA 安全公钥加密方案的通用框架。该框架将一个 LR-CPA 安全的公钥加密方案和一个非交互零知识证明系统（NIZK），转化为一个 LR-CCA 安全的公钥加密方案。通过实例化该框架，他们得到第一个可容许密钥泄露比率为 1-o（1）的 LR-CCA 安全公钥加密方案。但由于使用了 NIZK，该方案的效率较差。

2010 年，Dodis 等人[14] 基于具有真实模拟可提取性质（true-simulation extractable）

的 NIZK，提出了将 LR-CPA 安全公钥加密方案提升到 LR-CCA 安全公钥加密方案更为高效的通用构造框架。

Naor 和 Segev[31] 观察到 Cramer 和 Shoup 的哈希证明系统（hash proof system，HPS）[11]技术具有天然的抗泄露特性，由此设计出了性能更优的 LR-CCA 安全公钥加密方案，可容许的泄露比率为 1/6-o（1）。

为了在提升方案性能的同时做到尽可能高的泄露比率，Qin 和 Liu[35, 34] 提出了构造 LR-CCA 安全公钥加密方案的新方法。在该工作中，他们提出了一次有损过滤器（one-time lossy filter，OTLF）的密码原语，巧妙地将 OTLF 与 HPS 技术相结合，进而将高效 LR-CCA 安全公钥加密方案的泄露比率提升到了 1-o（1）。

2.3　RKA 安全的公钥加密方案

相关密钥攻击（related-key attack，RKA）是指敌手通过指定密钥篡改的方式，观测密码方案在篡改后的相关密钥运行下的输入输出。抗相关密钥攻击安全性是指对于具有相关密钥攻击能力的敌手，公钥加密方案的密文不可区分性（IND）仍能得到保证。这里的密钥可以只包括公钥加密方案的私钥 sk，也可以同时包括私钥 sk 和公钥 pk。依据密钥情况的不同，分别称为 RKA 安全[4]和强 RKA 安全[5]。

敌手的 RKA 攻击能力，主要由其所能查询的相关密钥篡改函数集合 F 所决定。具体而言，在 RKA［F］-CCA 模型中，敌手可以获得公钥 pk，还可以进行相关密钥解密查询，即敌手每次可以提交一个 F 里的相关密钥篡改函数 f 以及一个密文 ct，然后得到密文 ct 在相关私钥 f（sk）下的解密结果。而在传统的 IND-CCA 模型中，敌手只能获得密文 ct 在原始私钥 sk 下的解密结果。

对于强 RKA［F］-CCA 安全性，则首先要求公钥加密方案是正则的（canonical），即公钥加密方案的公钥 pk 可以由私钥 sk 确定性地计算出来，也就是说存在一个确定性算法 PK，使得 pk = PK（sk）。在强 RKA［F］-CCA 模型中，敌手不仅可以进行相关密钥解密查询，还可以进行相关密钥加密查询，即敌手每次提交一个 F 里的相关密钥篡改函数 f 以及一个消息 m，然后可以得到消息 m 在相关公钥 PK（f（sk））下加密得到的密文，这里的相关公钥 PK（f（sk））即是通过算法 PK 从相关私钥 f（sk）计算得出的。

与 KDM 安全性类似，RKA 所支持的相关密钥篡改函数集合 F 越大，其安全性就越好。典型的相关密钥篡改函数集合 F 包括线性函数集合 F_{lin}、仿射函数集合 F_{aff} 和多项式函数集合 F_{poly}^{d}。

下面我们将主要以 RKA 安全性所能支持的相关密钥篡改函数集合和所基于的计算性假设的标准程度这两个方面作为指标，对已有的 RKA-CCA 和强 RKA-CCA 安全的公钥加密方案进行分析和总结。

RKA-CCA 及强 RKA-CCA 安全的公钥加密方案。2012 年，Wee[36] 提出了一个构造 RKA-CCA 安全公钥加密方案的通用框架。通过该框架，可以将一个带标签的动态陷门关系以及一个强一次安全（strongly one-time secure）的签名方案，转化为一个 RKA-CCA 安全的公钥加密方案。同时，Wee 还给出了该框架的几个具体实例，得到了两个 RKA［F_{lin}］-CCA 安全的公钥加密方案。

Bellare、Paterson 和 Thomson[5] 基于 Cramer 和 Shoup[12] 提出的密钥封装机制（key encapsulation mechanism，KEM）+数据封装机制（data encapsulation mechanism，DEM）的模式，给出了一种构造 RKA-CCA 安全公钥加密方案的通用方法。该方法可以将一个 RKA［F］-CCA 安全的 KEM 和一个一次安全的 DEM，转化为 RKA［F］-CCA 安全的公钥加密方案。通过实例化该方法，他们得到了 RKA［F_{aff}］-CCA 安全的公钥加密方案。

2011 年，Bellare、Cash 和 Miller[4] 研究了不同的 RKA 安全密码原语之间的关系，并给出了一个构造强 RKA-CCA 安全公钥加密方案的通用框架，即利用一个 F-RKA 安全的伪随机函数，将一个 IND-CCA 安全的公钥加密方案转化为一个强 RKA［F］-CCA 安全的公钥加密方案。应用该框架，他们得到了强 RKA［F_{lin}］-CCA 安全公钥加密方案（基于 DDH 假设）、强 RKA［F_{aff}］-CCA 安全公钥加密方案（安全规约不标准）和强 RKA［F_{poly}^{d}］-CCA 安全公钥加密方案（基于不标准的 d-判定性 Diffie-Hellman 求逆假设）。

Bellare、Paterson 和 Thomson[5] 证明了可以通过 Canetti-Halevi-Katz（CHK）转换[10]，将一个强 F-RKA 安全的基于身份加密方案（identity-based encryption，IBE）和一个强一次安全的签名方案，转化为一个强 RKA［F］-CCA 安全的公钥加密方案。应

用 CHK 转换，他们得到了强 RKA［F_{aff}］-CCA 安全的公钥加密方案（基于 DBDH 假设）和强 RKA［$F_{poly}{}^d$］-CCA 安全的公钥加密方案（基于不标准的 d-扩展 DBDH 假设）。

Lu、Li 和 Jia[28]通过扩展 Cramer 和 Shoup[12]提出的 KEM+DEM 的模式，给出了构造 RKA-CCA 安全公钥加密方案的新方法。他们使用了一种特殊的 KEM，其具有 F-密钥延展性和 F-密钥指纹性，以及一个带标签的 DEM。由于具有 F-密钥延展性的 KEM 很难构造，他们只给出了针对线性函数集合 F_{lin} 的实例，得到两个 RKA［F_{lin}］-CCA 安全的公钥加密方案。

2.4 紧致规约的公钥加密方案

对于一个公钥加密方案，安全性证明的通常方法是将方案的安全性规约到某个假定的困难问题上或者规约到某个组件的安全性上。正如前面所说，一个安全规约实际上就是利用一个攻击公钥加密方案安全性的敌手 A 来构造一个解决困难问题的算法 B 或者一个攻击组件安全性的敌手 B。如果敌手 A 的运行时间为 t，成功概率为 ϵ_A，那么我们希望敌手 B 的运行时间也大约是 t，成功概率 ϵ_B（依赖于 ϵ_A）尽可能地高。参数 θ：= ϵ_A / ϵ_B 衡量了安全规约的损失程度。

多挑战密文场景下的安全性。 传统的 IND-CPA、IND-CCA 安全性，甚至是 LR-CCA、RKA-CCA 安全性，都是在单挑战密文场景下形式化的，即敌手只能获得一个挑战密文。而在实际应用中，敌手很可能会观察到用户多次加密得到的多个密文。2000 年，Bellare、Boldyreva 和 Micali[3]首次在多挑战密文场景（multi-challenge setting）下形式化了 IND-CCA 安全性，即允许敌手获得多个挑战密文。

显然，根据标准的混合论证技术（hybrid argument），我们很容易证明公钥加密方案的安全性（如 IND-CCA、LR-CCA、RKA-CCA）在单挑战密文场景下和在多挑战密文场景下是等价的，因为密文是可以公开生成的。但是通过混合论证得到的安全规约会引入 Q_e 这一损失因子，其中 Q_e 为挑战密文的个数。从而，多挑战密文场景下的安全损失因子是单挑战密文场景下安全损失因子的 Q_e 倍。

紧致规约的公钥加密方案。 紧致的安全规约有很多优点，但是自 2000 年开始，如何在多挑战密文场景下构造紧致规约的 IND-CCA 安全公钥加密方案就一直是一个公开问题。大多数 IND-CCA 安全的公钥加密方案，比如 Cramer 和 Shoup[11] 构造的方案，在多挑战密文场景下都没有一个紧致的安全规约。

直到 2012 年，Hofheinz 和 Jager[27] 设计出了第一个紧致规约的 IND-CCA 安全公钥加密方案，其安全性基于配对群上的 2-Linear 假设。事实上，他们扩展了 Naor-Yung 的"两把钥匙"模式[32]，将两个紧致规约的 IND-CPA 安全公钥加密方案和一个紧致规约的非交互零知识证明系统（NIZK），转化为一个紧致规约的 IND-CCA 安全公钥加密方案。他们工作的核心实际上是构造一个紧致规约的 NIZK，即具有紧致规约的零知识性（zero-knowledge）和紧致规约的模拟可靠性（simulation-soundness）。但是由于密文里面包括了 NIZK 的一个证明，应用这种思想得到的公钥加密方案的密文都会特别长，包括几十甚至上百个群元素。

Hofheinz[25] 设计出了第一个完全紧凑的、紧致规约的 IND-CCA 安全公钥加密方案，其安全性基于非对称配对群上的 DDH 假设。该方案的公钥和密文都是紧凑的，只包括常数个群元素。为了同时实现方案的完全紧凑以及规约的紧致，Hofheinz 提出了一种新的证明技术，即代数划分技术（algebraic partitioning）。该技术与 Naor-Reingold[30] 的比特划分技术非常不同，不根据每一个比特来进行划分，而是根据某个代数谓词来进行划分。由于进行划分所参照的代数谓词在方案中是隐藏起来的，因此只需要在公钥中提供一个位置（slot），就可以在证明中不断变换隐藏的代数谓词，从而进行多次划分。

Gay 等人[15] 设计出了第一个不使用配对群的、紧致规约的 IND-CCA 安全公钥加密方案，其安全性基于 DDH 假设。他们工作的核心实际上是构造了一个紧致规约的指定验证者 NIZK，即验证算法不再是公开可验证的了，从而可以避免使用配对群。不过该工作的证明技术实质上是基于 Naor-Reingold 的比特划分技术，因此公钥加密方案的公钥还是特别长。

Hofheinz[26] 构造了一个完全紧凑的、紧致规约的 IND-CCA 安全公钥加密方案，其安全性基于配对群上的 s-Linear 假设或者 DCR 假设。实际上这也是第一个基于 DCR 假设的、紧致规约的 IND-CCA 安全公钥加密方案。同样地，为了实现方案的完全紧凑，该方案的安全性证明不再使用 Naor-Reingold 的比特划分技术，而是使用新型的动态比特划分技术（adaptive partitioning）。应用该技术，方案的公钥只需要提供一个位置

（slot），就可以在证明中依次对每一个比特进行划分。这使得该方案的公钥和密文都是紧凑的，只包括常数个群元素。

3 我们的工作和成果

3.1 支持多项式函数集合的 KDM-CCA 安全公钥加密方案

现有的 KDM-CCA 安全公钥加密方案主要有以下三种构造方法：第一种是 Camenisch、Chandran 和 Shoup（CCS）[8] 提出的通用构造方法，将一个 KDM［F］-CPA 安全的公钥加密方案、一个 IND-CCA 安全的公钥加密方案和一个非交互零知识证明系统（NIZK），转化为一个 KDM［F］-CCA 安全的公钥加密方案；第二种是 Hofheinz[24] 基于有损代数过滤器设计出的密文紧凑的、KDM［F_{circ}］-CCA 安全的公钥加密方案；第三种是 Lu、Li 和 Jia[29] 构造的高效的、密文紧凑的 KDM［F_{aff}］-CCA 安全公钥加密方案。这些已有工作所支持的私钥函数集合要么为选择函数集合 F_{circ}，要么为仿射函数集合 F_{aff}。

要构造支持私钥函数集合为多项式函数集合 F_{poly}^d 的 KDM-CCA 安全公钥加密方案，CCS[8] 提出的方法是目前唯一的途径。然而，已有的 KDM［F_{poly}^d］-CPA 安全公钥加密方案，要么本身效率就不高或者密文不够紧凑，要么与 Groth 和 Sahai 提出的基于配对群的高效 NIZK[18] 不兼容。因此，目前还没有构造高效的、KDM［F_{poly}^d］-CCA 安全的公钥加密方案的有效途径。

研究成果： 为了构造高效的、支持多项式函数集合的 KDM［F_{poly}^d］-CCA 安全公钥加密方案，我们提出了一个全新的密码原语，称之为支持辅助输入的认证加密方案 AIAE。该新原语成为实现 KDM-CCA 安全公钥加密方案的必要工具。

·我们给出了 AIAE 的通用构造，将一个传统的认证加密方案和一个具有密钥同态性质的带标签哈希证明系统，转化为一个支持辅助输入的认证加密方案。

·我们基于 DDH 假设实例化了 AIAE 的通用构造，得到了一个基于 DDH 假设的支持辅助输入认证加密方案。

使用支持辅助输入认证加密方案作为重要组件，我们设计出了第一个高效的、支持多项式函数集合的 KDM［$F_{poly}{}^d$］-CCA 安全公钥加密方案。该方案的密文是几乎紧凑的，其密文包含的群元素个数只与多项式函数的最高次数 d 相关（呈多项式关系），而与安全参数无关。该工作[19]发表在 Asiacrypt 2016 上。

3.2 紧致规约的 LR-CCA 安全公钥加密方案

目前 LR-CCA 安全公钥加密方案主要有以下两种构造方法：第一种基于 Naor-Yung 的"两把钥匙"模式[32]，利用非交互零知识证明系统（NIZK）作为重要技术工具，将 LR-CPA 安全的公钥加密方案转化为 LR-CCA 安全公钥加密方案[31,14]；第二种基于 Cramer-Shoup 的哈希证明系统（HPS）技术[11]，利用 HPS 天然的抗泄露特性，构造高效的 LR-CCA 安全公钥加密方案[31,35]。基于第一种路线构造出来的方案，由于使用 NIZK，得到的方案不够高效，特别地，公钥中至少包含 100 多个群元素或者密文中至少包含 40 多个群元素。而基于第二种路线构造出来的方案，由于 HPS 技术在多挑战密文场景下难以做到紧致规约，得到方案的 LR-CCA 安全性不是紧致规约的。如何在多挑战密文场景下构造高效的、紧致规约的 LR-CCA 安全公钥加密方案是一个极具挑战的问题。

研究成果：为了构造高效的、紧致规约的 LR-CCA 安全公钥加密方案，我们提出了一个全新的密码原语，称之为准动态哈希证明系统 QAHPS。该新原语成为实现紧致规约 LR-CCA 安全公钥加密方案的必要工具。

·通过使用 QAHPS 作为重要组件，我们给出了紧致规约 LR-CCA 安全公钥加密方案的通用构造。

·我们基于标准 SXDH 假设实例化了该通用构造，得到了第一个高效的、紧致规约的 LR-CCA 安全公钥加密方案。

在我们的实例中，公钥仅包含 4 个群元素（比 Abe 等人构造的方案[1]短 10 倍），密文仅包含 7 个群元素（比 Abe 等人构造的方案[1]短 100 倍）。该工作[21]发表在 Crypto 2019 上。

3.3 超强 RKA-CCA 及紧致规约 RKA-CCA 安全公钥加密方案

公钥加密方案的 RKA 安全模型主要有两种，即 RKA-CCA 和强 RKA-CCA。

Bellare、Cash 和 Miller[4] 提出的 RKA-CCA 安全模型可以保证在敌手可以进行相关密钥解密查询的情况下，密文的不可区分性仍然成立，而 Bellare、Paterson 和 Thomson[5] 提出的强 RKA-CCA 安全模型可以保证在敌手可以同时进行相关密钥解密查询和相关密钥加密查询的情况下，密文的不可区分性仍然成立。然而，这两个安全模型对敌手的相关密钥解密查询 (f, ct) 有一些人为的限制，即如果挑战密文 ct^* 所用的相关公钥所对应的相关私钥 f^*（sk）与解密查询所用的相关私钥 f（sk）相同，那么则不允许敌手提交对挑战密文 ct^* 的解密查询。这个限制主要是为构造（强）RKA-CCA 安全的方案提供便利，并不能够准确反映实际应用中敌手的相关密钥攻击能力。因此，我们将基于已有的 RKA-CCA 和强 RKA-CCA 安全模型，研究如何去掉这一限制，建立更加合理的 RKA 安全模型。

此外，目前所有 RKA-CCA、甚至是强 RKA-CCA 安全的公钥加密方案都是在单挑战密文场景下考虑的，即敌手只能获得一个挑战密文。如何在多挑战密文场景下构造紧致规约的 RKA-CCA 安全公钥加密方案仍然是一个公开问题。

研究成果：我们形式化了一种新的 RKA 安全模型，称之为超强 RKA-CCA。该模型去掉了 RKA-CCA 和强 RKA-CCA 安全模型中对敌手相关密钥解密查询的人为限制条件，是所有针对公钥加密方案的 RKA 安全模型中最强的。

为了在该新型 RKA 安全模型下构造公钥加密方案，我们提出一种全新的密码原语，即 F 定制的带标签哈希证明系统，并为其定义了许多新的统计性质，包括 F-公钥同态性以及 F-多项式有界碰撞性，还定义了一个新的计算性问题，即公钥碰撞问题。该原语成为实现超强 RKA-CCA 安全公钥加密方案的必要工具。

我们给出了在超强 RKA-CCA 安全模型下构造公钥加密方案的通用方法。该通用方法使用 F 定制的带标签哈希证明系统作为重要组件。我们分别基于 DDH 假设以及 DCR 假设实例化了该通用构造，得到了超强 RKA $[F_{\text{raff}}]$ -CCA 安全的公钥加密方案。

· 我们的实例是第一个支持受限仿射函数集合 F_{raff} 的超强 RKA $[F_{\text{raff}}]$ -CCA 安全公钥加密方案。由于 $F_{\text{lin}} F_{\text{raff}}$，因此我们的工作突破了之前的线性界限（linear barrier）。

· 我们的实例中公钥、私钥和密文均只包含常数个群元素，是完全紧凑的，同时我们的实例不基于配对群，故而十分高效。

此外，我们还设计出了第一个紧致规约的、支持受限仿射函数集合 F_{raff} 的 RKA

［F$_{raff}$］-CCA 安全公钥加密方案。方案的安全性可以紧致地规约到 DDH 假设上。我们证明了方案在超强 RKA［F$_{raff}$］-CCA 安全模型下达到紧致的安全规约。我们方案所具有的超强 RKA-CCA 安全性在所有 RKA 安全性中是最强的。我们的方案不基于配对群，且方案的效率与 Gay 等人[15]构造的紧致规约 IND-CCA 安全公钥加密方案相当。上述工作[20,22]分别发表在 DCC 2018 和 TCJ 2018 上。

4　结论

本文主要介绍了 KDM、LR、RKA 安全以及具有紧致规约安全性公钥加密方案的研究进展和最新技术，并简要介绍了我们取得的一系列研究成果，见图 1。

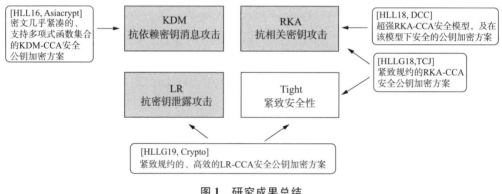

图 1　研究成果总结

我们将未来的研究方向概括如下：

（1）进一步扩展高效 KDM-CCA 和 RKA-CCA 安全性支持的函数集合。我们构造的 KDM-CCA 安全公钥加密方案[19]首次将支持的私钥函数集合扩展到了多项式函数集合 F$_{poly}^d$，并且我们设计的几个超强 RKA-CCA 安全公钥加密方案[20,22]所支持的相关密钥篡改函数集合为受限仿射函数集合 F$_{raff}$，突破了之前的线性界限（linear barrier）。一个重要的研究方向是进一步扩展 KDM-CCA 和 RKA-CCA 安全性支持的函数集合，比如将超强 RKA-CCA 安全性支持的函数集合扩展到仿射函数集合 F$_{aff}$或者更大的函数集合。

（2）**提升紧致规约 LR-CCA 安全性容许的密钥泄露比率**。我们构造的 LR-CCA 安全公钥加密方案[21]首次同时做到了高效和紧致规约安全性，但是可容许的密钥泄露比率为 1/18-o（1）。一个重要的研究方向就是在保证方案高效的前提下，提升紧致规约 LR-CCA 安全性所能容许的密钥泄露比率。

（3）**抗勒索攻击的密码方案**。通常来说，密码方案是用来保护用户的数据安全和隐私的。一旦密码方案被攻击者所利用，就会造成巨大的灾难。勒索攻击（ransomware attack）就是这样的一种新型攻击手段。一个重要的研究方向就是从密码算法或密码协议的层面形式化抗勒索攻击的安全模型，并在该模型下构造安全的密码方案。

致谢：感谢我的博士生导师刘胜利教授对我悉心的指导和辛勤的栽培。

参考文献

［1］Abe, M., David, B., Kohlweiss, M., Nishimaki, R., Ohkubo, M.：Tagged one-time signatures：Tight security and optimal tag size. In：PKC 2013, pp. 312−331.

［2］Akavia, A., Goldwasser, S., Vaikuntanathan, V.：Simultaneous hardcore bits and cryptography against memory attacks. In：TCC 2009, pp. 474−495.

［3］Bellare, M., Boldyreva, A., Micali, S.：Public−key encryption in a multi−user setting：Security proofs and improvements. In：EUROCRYPT 2000, pp. 259−274.

［4］Bellare, M., Cash, D., Miller, R.：Cryptography secure against related−key attacks and tampering. In：ASIACRYPT 2011, pp. 486−503.

［5］Bellare, M., Paterson, K. G., Thomson, S.：RKA security beyond the linear barrier：IBE, encryption and signatures. In：ASIACRYPT 2012, pp. 331−348.

［6］Biham, E., Shamir, A.：Differential fault analysis of secret key cryptosystems. In：CRYPTO 1997, pp. 513−525.

［7］Boneh, D., Halevi, S., Hamburg, M., Ostrovsky, R.：Circular − secure encryption from decision Diffie−Hellman. In：CRYPTO 2008, pp. 108−125.

［8］Camenisch, J., Chandran, N., Shoup, V.：A public key encryption scheme secure against key dependent chosen plaintext and adaptive chosen ciphertext attacks. In: EUROCRYPT 2009, pp. 351−368.

[9] Camenisch, J., Lysyanskaya, A.: An efficient system for non−transferable anonymous credentials with optional anonymity revocation. In: EUROCRYPT 2001, pp. 93−118.

[10] Canetti, R., Halevi, S., Katz, J.: Chosen−ciphertext security from identity−based encryption. In: EUROCRYPT 2004, pp. 207−222.

[11] Cramer, R., Shoup, V.: Universal hash proofs and a paradigm for adaptive chosen ciphertext secure public−key encryption. In: EUROCRYPT 2002, pp. 45−64.

[12] Cramer, R., Shoup, V.: Design and analysis of practical public−key encryption schemes secure against adaptive chosen ciphertext attack. SIAM J. Comput. 33 (1), 167−226 (2004).

[13] Diffie, W., Hellman, M. E.: New directions in cryptography. IEEE Transactions on Information Theory 22 (6), 644−654 (1976).

[14] Dodis, Y., Haralambiev, K., L´opez−Alt, A., Wichs, D.: Efficient public−key cryptography in the presence of key leakage. In: ASIACRYPT 2010, pp. 613−631.

[15] Gay, R., Hofheinz, D., Kiltz, E., Wee, H.: Tightly CCA−secure encryption without pairings. In: EUROCRYPT 2016, pp. 1−27.

[16] Gentry, C.: Fully homomorphic encryption using ideal lattices. In: STOC 2009. pp. 169−178.

[17] Goldwasser, S., Micali, S.: Probabilistic encryption. Journal of Computer and System Sciences 28 (2), 270−299 (1984).

[18] Groth, J., Sahai, A.: Efficient non − interactive proof systems for bilinear groups. In: EUROCRYPT 2008, pp. 415−432.

[19] Han, S., Liu, S., Lyu, L.: Efficient KDM−CCA secure public−key encryption for polynomial functions. In: ASIACRYPT 2016, pp. 307−338.

[20] Han, S., Liu, S., Lyu, L.: Super−strong RKA secure MAC, PKE and SE from tag−based hash proof system. Des. Codes Cryptogr. 86 (7): 1411−1449 (2018).

[21] Han, S., Liu, S., Lyu, L., Gu, D.: Tight leakage−resilient CCA−security from

quasi-adaptive hash proof system. In：CRYPTO 2019, pp. 417-447.

[22] Han, S. , Liu, S. , Lyu, L. , Gu, D. : Tightly secure encryption schemes against related-key attacks. Comput. J. 61 (12), 1825-1844 (2018).

[23] Halderman, J. A. , Schoen, S. D. , Heninger, N. , Clarkson, W. , Paul, W. , Calandrino, J. A. , Feldman, A. J. , Appelbaum, J. , Felten, E. W. : Lest we remember：Cold boot attacks on encryption keys. In：USENIX Security Symposium 2008, pp. 45-60.

[24] Hofheinz, D. : Circular chosen-ciphertext security with compact ciphertexts. In：EUROCRYPT 2013, pp. 520-536.

[25] Hofheinz, D. : Algebraic partitioning：Fully compact and (almost) tightly secure cryptography. In：TCC 2016-A, pp. 251-281.

[26] Hofheinz, D. : Adaptive partitioning. In：EUROCRYPT 2017, pp. 489-518.

[27] Hofheinz, D. , Jager, T. : Tightly secure signatures and public-key encryption. In：CRYPTO 2012, pp. 590-607.

[28] Lu, X. , Li, B. , Jia, D. : Related-key security for hybrid encryption. In：ISC 2014, pp. 19-32.

[29] Lu, X. , Li, B. , Jia, D. : KDM-CCA security from RKA secure authenticated encryption. In：EUROCRYPT 2015, pp. 559-583.

[30] Naor, M. , Reingold, O. : Number-theoretic constructions of efficient pseudorandom functions. Journal of the ACM 51 (2), 231-262 (2004).

[31] Naor, M. , Segev, G. : Public-key cryptosystems resilient to key leakage. In：CRYPTO 2009, pp. 18-35.

[32] Naor, M. , Yung, M. : Public-key cryptosystems provably secure against chosen ciphertext attacks. In：STOC 1990, pp. 427-437.

[33] Peikert, C. , Waters, B. : Lossy trapdoor functions and their applications. In：STOC 2008, pp. 187-196.

[34] Qin, B. , Liu, S. : Leakage-flexible CCA-secure public-key encryption：Simple construction and free of pairing. In：PKC 2014, pp. 19-36.

[35] Qin, B. , Liu, S. : Leakage-resilient chosen-ciphertext secure public-key en-

cryption from hash proof system and one－time lossy filter. In：ASIACRYPT 2013，pp. 381-400.

［36］ Wee，H.：Public key encryption against related key attacks. In：PKC 2012，pp. 262-279.

物理攻击下可证明安全的公钥加密算法

孙士锋

（上海交通大学，计算机科学与工程系，上海，200240）

[**摘要**] 可证明安全理论是当前密码学研究的重点问题之一，其已被广泛应用于各种密码算法的安全性分析。在传统的安全性证明中，我们通常假定攻击者只能观察到密码算法的输入和输出，而无法获得算法的任何秘密信息。然而，在现实生活中攻击者通过物理攻击可成功提取出部分秘密信息，这给传统意义下可证明安全的密码算法带来了新的安全威胁。根据攻击方式的不同，物理攻击主要包括密钥泄露攻击和密钥篡改攻击。鉴于公钥加密算法在现实中的广泛应用，本文将简要回顾国内外在抗密钥泄露攻击的公钥加密算法以及抗密钥篡改攻击的公钥加密算法方面的一些研究进展，并重点介绍在同时抵抗这两类攻击方面所取得的一些研究成果。

[**关键词**] 公钥加密；可证明安全；物理攻击；密钥泄露攻击；密钥篡改攻击

Provably Secure Public Key Encryption against Physical Attacks

Shi-Feng Sun

（Department of Computer Science and Engineering,

Shanghai Jiao Tong University, Shanghai, 200240）

[**Abstract**] As one of the important research topics in modern cryptography, provable security has been used to analyze securities of various kinds of cryptographic algorithms. Traditionally, it is always assumed that adversaries can only observe the input and output behaviors of cryptographic algorithms and have no means to get any information about their secret states. In practice, however, the attackers can successfully extract partial secret information through various physical attacks, which poses new threats to the algorithms proven secure in the traditional model. According to the difference of attacking methods, physical attacks mainly consist of key-leakage attacks and key-tampering attacks. In view of the wide deployment of public key encryption in practice, we briefly review the main developments of leakage-resilient public key encryption and tampering-resilient public key encryption, and emphatically introduce the main progress made towards developing public key encryption against both kinds of attacks.

[**Keywords**] Public key encryption, Provable security, Physical attacks, Key-leakage attacks, Key-tampering attacks

1 引言

随着云计算、物联网等网络信息技术的迅速发展，各种安全事件频发，网络安全问题日益突出。近年来，网络空间安全已引起国家乃至社会各界的广泛关注，大力发展网络空间安全理论与技术并全力构建安全可靠的网络空间环境已上升到国家战略层面，已成为国家"十三五"期间着力发展的科技创新领域之一。作为保障国家以及个人网络信息安全的核心理论与技术，密码学已被广泛应用到我们生活中的方方面面，例如金融、医疗和教育等。由于众多现实应用的安全可靠性很大程度上依赖于其底层密码算法的安全性，因而准确合理地评估密码算法的安全性对其实际应用举足轻重。

众所周知，可证明安全理论已成为当前分析密码算法安全性的主要方法之一。该理论最初源于 Goldwasser 和 Micali[1]在 1984 年提出的"语义安全"的概念。一般而言，这种方法包括安全模型、困难假设以及安全性证明三部分，其中安全模型定义了密码系统的安全目标以及敌手所具备的攻击能力，而证明过程则为一种"归约"方法，通过这种方法我们可以把密码算法的安全性归约到某个假定的困难问题之上。也就是说，如果存在敌手 $\mathcal{A}$ 可以攻破某密码算法 Π 的安全性，那么我们便可以利用 $\mathcal{A}$ 构造一个新的算法 $\mathcal{B}$ 来成功解决所谓的困难问题，从而形成矛盾。

在传统的安全性证明中，我们通常假定攻击者只能观察到密码算法的输入和输出，而无法访问或篡改密码算法的任何秘密信息，即攻击者只能以黑盒形式访问密码算法，如图 1 中（a）所示。然而，在现实生活中，这种假设并不成立。已有大量研究[2-6]表明，密码算法在硬件实现过程中所伴随的物理信息（如时间、功耗等）会泄露算法的部分秘密信息，并给算法的安全性带来严重威胁。例如，当密钥参与算法运行时，其 0、1 比特往往会引起不同的时间或功率消耗，从而攻击者可利用算法运行过程中所产生的时钟或功耗信息来成功提取部分密钥信息。在密码学中，我们通常称此类攻击为旁路攻击或物理攻击，泛指攻击者利用密码设备运行过程中所表现出的物理特征来提取相关秘密信息，并借助该信息所发起的攻击。

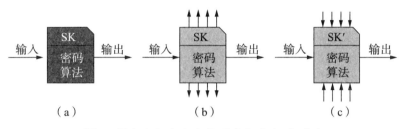

图1 黑盒攻击（a）与物理攻击（b）和（c）

根据攻击方式的不同，物理攻击大致可分为以下两类：密钥泄露攻击[2-4]和密钥篡改攻击[5-7]。其中，密钥泄露攻击是一种被动攻击，在这种攻击中攻击者试图通过观察密码设备运行时的物理特征来有效提取部分秘密信息，进而利用该信息来攻破密码算法的安全性，如图1中（b）所示。与之相比，密钥篡改攻击是一种主动攻击，在此类攻击中攻击者试图利用故障注入等方式来篡改密码设备内的密钥信息，并通过观察算法在篡改后的密钥下的输出结果来获取相关秘密信息，如图1中（c）所示。由于在传统安全模型中我们假定攻击者只能以黑盒的形式访问密码算法，并没有考虑其在密码设备运行过程中所获取的秘密信息，因而这给在传统意义下可证明安全的密码算法带来了新的安全威胁，给算法的实际应用埋下了严重的安全隐患。随着物联网、移动设备以及密码芯片等的广泛应用和普及，密码设备遭受物理攻击的风险日益增加，用户的数据安全问题也变得日益严峻。

为了降低或避免此类攻击给人们和社会所带来的严重影响和损失，密码工程人员一直致力于研究各种旁路攻击技术及相应防护措施，并针对已有攻击提出了各种旁路防护方法，如弱化泄露信息防护[8,9]、盲化泄露信息防护（又称掩码技术）[10-12]等，这些方法主要是根据不同攻击方式对泄露信息加以干扰（如降低信息的信噪比），从而来提高攻击者从中获取相关秘密信息的难度。然而，随着高新技术的飞速发展，实际生活中可能存在诸多潜在的攻击方法。对于这些未知威胁，我们甚至无法对其进行预测，就更无从谈及对其进行有效防护了，因而这种从工程角度对密码设备进行防护的方法存在很大的局限性。

近年来，为弥补工程防护方法的不足，密码学家提出了从算法层面防御上述攻击的思想，这种思想重点在于刻画攻击所带来的影响，而与具体攻击形式无关，因此其更具一般性。基于该思想，目前针对上述两类攻击（即密钥泄露攻击和密钥篡改攻击）已初步形成抗密钥泄露密码学[13,14]和抗密钥篡改密码学[15,16]，且均已成为当前密码学领域的研究热点。其中，前者旨在从算法层面探究抗密钥泄露攻击的可证明安全理论与技术，而后者旨在从算法层面探究抗密钥篡改攻击的可证明安全理论与技术。然而，在我们的现实生活中，密码设备往往会同时遭遇密钥泄露和密钥篡改这两类物理攻击，这进一步加剧了密码算法被攻破的风险，因此研究同时抵抗这两类攻击的密码理论与技术对保护用户个人隐私和数据安全意义重大，是当前亟待解决的关键问题之一。

鉴于公钥加密算法在网络环境以及各种智能终端的广泛应用，抗密钥泄露和/或密钥篡改攻击的公钥加密算法已引起国内外密码研究人员的广泛关注，成为近十五年密码研究的热点问题之一。本文将重点介绍国内外在该领域所取得的一些主要进展，并简要总结在该领域有待我们进一步探讨的一些问题和难点。

2 国内外研究现状

物理攻击的出现颠覆了传统可证明安全的基本假设——攻击者只能观察到算法的输入和输出，这给密码算法的可证明安全性带来了新的挑战。近年来，抗密钥泄露密码学和抗密钥篡改密码学引起了密码学界和智能卡工业界的广泛关注，已成为密码学领域的研究热点。虽然国内外学者已分别在这两方面取得了一系列研究成果，然而在抗物理攻击①方面却进展缓慢。下面我们围绕公钥加密算法先来简要回顾下抗密钥泄露攻击和抗密钥篡改攻击的主要技术和方法，然后着重介绍下抗物理攻击的研究现状。

抗密钥泄露密码学：抗泄露密码学[13,14]旨在设计针对密钥泄露攻击依然可证安全

---

① 在无特殊说明的情况下，抗物理攻击主要指同时抗密钥泄露攻击和密钥篡改攻击的情况。

的密码算法。通常，密钥泄露攻击是通过泄露预言机来刻画的，而泄露信息是利用一组可有效（多项式时间内）计算的函数集 $\{f_i\}$ 来描述的。通过向泄露预言机询问 f_i，攻击者便可获得相应的泄露信息 $f_i(sk)$，其中 sk 为算法的私钥。显然，我们对 f_i 应有一定的限制，以使得攻击者由 $\{f_i(sk)\}$ 难以恢复 sk。

目前，研究比较广泛且较具代表性的密钥泄漏模型为"内存泄露"①。在该模型中，即使内存未参与任何计算，攻击者依然可获得内存中所存储密钥的部分信息[17,18]。该模型更具一般性，其主要包含以下两种类型：

（1）有界内存泄露（BML）[18,19]：在该类型中，f_i 为整个密钥 sk 的函数，攻击者通过询问泄露预言机可以获得相应的泄露信息 $f_i(sk)$，但要求泄露总量不超过 sk 的长度；

（2）辅助输入泄露（AIL）[20]：在该模型中，f_i 同样为 sk 的函数，但对其输出长度没有限制，只要求其在多项式时间内是不可求逆的。

围绕这种更具一般性的泄露模型，国内外学者在抗密钥泄露方面已取得丰硕的研究成果，为在一定程度上保护密码设备免受此类攻击影响提供了诸多新的理论方法。以公钥加密（Public Key Encryption，PKE）为例，其中比较具有代表性的方法包括：

（1）利用哈希证明系统（Hash Proof System，HPS）和随机提取器（Randomness Extractor）实现抗密钥泄露性：这种方法最初是由 Naor 和 Segev[19] 提出的，他们基于 HPS[21] 提出了一种抗密钥泄露攻击和选择明文攻击的（IND-LR-CPA）PKE 的通用构造，并证明了由 Naor-Yung[22] "两把钥匙"的方法以及 IND-LR-CPA PKE 便可得到抗密钥泄露攻击和选择密文攻击的（IND-LR-CCA）PKE。虽然该方法可达到较高的泄露比——密钥泄露量/密钥长度，但因其依赖于模拟完备的非交互零知识（Simulation-Sound Non-Interactive Zero Knowledge，SS-NIZK）证明系统，其效率很低。2013 年，同样基于 HPS Qin 等[23] 利用他们所提出的一次有损过滤器（One-Time Lossy Filter，OTLF）给出了一种新的 IND-LR-CCA PKE 的构造方法，该方法避免了对 NIZK 证明系统的依赖，同时达到了接近 1 的泄露比。最近，Han 等[24] 提出了准动态哈希证明系统（Quasi Adaptive-HPS）的概念，同时为其定义了两个新型统计性质，并由此构造了首

---

① 与"只有计算才泄露信息"[13] 这一模型比，该模型更具一般性，包含更广泛的密钥泄露攻击。

个高效、（安全损失小的）紧致规约的 IND-LR-CCA 安全的 PKE 方案，该方案泄露比率接近 1 且避免了对 NIZK 技术的依赖。特别地，基于 SXDH 困难问题实例化所得到的 PKE 方案具有很短的公钥和密文，其中公钥仅包含 4 个群元素，而密文也只包含 7 个群元素。

（2）利用双系统加密（Dual System Encryption）来实现抗密钥泄露性：这种方法最初是由 LeFKo 等[25]提出的，他们研究了如何利用双系统加密技术来构造抗密钥泄露的身份基加密（Identity-Based Encryption, IBE）和分层的 IBE（Hierarchical IBE, HIBE）。随后，该方法亦被用于构造其他抗密钥泄露的密码算法，如谓词加密[26]、wicked IBE[27]等。

此外，Hazay 等[28]研究了如何以最小假设来构造 IND-LR-CPA 安全的 PKE，并给出了一种由任意 IND-CPA 安全的 PKE 构造 IND-LR-CPA 安全的 PKE 的方法：首先利用弱哈希证明系统（wHPS）来构造 IND-LR-CPA 安全的 PKE，然后给出了由任意 IND-CPA 安全的 PKE 构造 wHPS 的通用方法。Dana 等[29]以及 Chen 等[30]分别研究了利用混淆（Obfuscation）和可穿刺伪随机函数（Puncturable PRF）构造 IND-LR-CPA 安全的 PKE 的方法。与之相反，还有一些基于传统加密方案的具体构造（如文献 [18，31，32] 等），这些方案一般都具有较高的效率，其抗泄露性主要依赖于对方案所蕴含随机提取器的巧妙利用。

上述工作基本都是在 BML 模型中提出的。2010 年，Dodis 等[20]首次基于 DLIN 以及 LWE 假设给出了在 AIL 模型中 IND-LR-CPA 安全的 PKE 方案。同年，Brakerski 等[33]基于子群不可区分（Subgroup Indistinguishability）问题也提出了一种在 AIL 模型下 IND-LR-CPA 安全的 PKE。此外，该方案在 BML 模型下也是可证明安全的，其不足之处是只能实现单比特加密。就目前而言，实现 AIL 模型下抗泄露安全的主要技术是广义的 Goldreih-Levin 定理[20]。然而，由于该定理的局限性，只有 BHHO 方案和基于 LWE 的 PKE 方案可在该模型下达到 IND-LR-CPA 安全，目前还没有相对高效的构造方法。

另外，值得一提的是前述工作只允许攻击者在看到挑战密文前询问泄露预言机，然而在现实中攻击者得到挑战密文后依然可发起物理攻击。针对此问题，Halevi 等[34]提出了事后泄露（After-the-Fact Leakage）安全性，并基于 HPS 给出了一种满足该安全性的 PKE。

抗密钥篡改密码学：抗密钥篡改密码学[9,10]旨在设计在密钥篡改攻击下依然可证明安全的密码算法。通常，此类攻击是通过一组定义在密钥空间 SK 上的函数集 $\Phi = \{\varphi: SK \to SK\}$ 来刻画的。攻击者 $\mathcal{A}$ 通过从 Φ 中自适应选取篡改函数 φ 来模拟对私钥 sk 的篡改攻击，并得到算法在篡改后的私钥 φ（sk）下的运行结果。例如，在签名算法 Sig 中，$\mathcal{A}$ 通过向签名预言机询问（m, φ）便得到消息 m 在篡改后的私钥 φ（sk）下的签名 Sig（m, φ（sk））。而在传统意义下，$\mathcal{A}$ 只能得到 m 在原始密钥 sk 下的签名 Sig（m, sk）。

目前，主要存在以下两种篡改模型：相关密钥攻击（Related-Key Attack, RKA）模型和持续密钥篡改（Persistent Tampering Attack, PTA）模型。其中，RKA 模型是由 Bellare 等[15]在 2003 年提出的，而 PTA 模型是由 Gennaro 等[16]在 2004 年提出。这两种模型都假设存储器中的密钥是防泄露的，但是可以被篡改的，其主要区别在于：

（1）RKA 模型：在该模型中，攻击者可持续对原始密钥 sk 进行篡改，即攻击者可自适应地选取密钥篡改函数 φ_i，并相应得到密码算法在 φ_i（sk）下的运行结果；

（2）PTA 模型：在该模型中，攻击者持续对当前密钥 sk_i 进行篡改，即攻击者可自适应地选取篡改函数 φ_i，并相应得到算法在 $sk_i = \varphi_i$（sk_{i-1}）下的运行结果，其中 sk_0 为原始密钥 sk。

围绕上述模型，近年来国内外学者提出了一些出色的解决方案，为避免密码设备免遭密钥篡改攻击提供了新的技术方法。针对不同模型，这些方案所采用的关键技术主要包括：

（1）利用密钥延展性等特殊性质实现抗密钥篡改性：该方法最初由 Bellare 等[35]于 2010 年提出，他们基于具有密钥延展性和指纹特性的函数族给出了首个抗线性篡改的伪随机函数（PRF）的构造方法。随后，Bellare 等[36]系统全面地研究了 PKE、IBE 以及数字签名等密码算法的 RKA 安全性，并给出了不同密码原语在 RKA 模型下的转化关系，尤其是从 RKA 安全的 PRFs 到其他原语的转化。2012 年，Bellare 等[37]进一步给出了一种由带有密钥延展性的 IBE 构造 RKA-IBE 的方法，并基于 RKA-IBE 首次给出了抗多项式篡改的 PKE 等。然而，利用这种特殊性质一般只能抵抗简单线性（或仿射）函数的篡改，且抗多项式篡改性通常需依赖于非标准困难假设。

（2）利用非延展编码（Non-Malleable Code，NMC）实现抗密钥篡改性：这种方法比较通用，其基本思想是对算法的原始密钥 sk 进行编码，然后将码字作为算法的新密钥，从而将该算法的抗密钥篡改性规约到所用编码的抗篡改性。NMC 最早由 Dziembowski 等[38]于 2010 年提出，其可用来实现一类广泛且实用的密钥篡改函数，但其仅能抗一次密钥篡改攻击。2014 年，Faust 等[39]提出了一种抗多次篡改攻击的编码，称之为连续非延展编码，并基于计算假设给出了一种构造方法，但其依赖于"自毁"（Self-Destruct）机制且只允许攻击者对码字左右两部分进行独立篡改。

此外，Qin 等[40]受 Faust 等[41]所提出的非延展密钥派生函数（Non-malleable Key Derivation Function，NM-KDF）启发提出了连续非延展密钥派生函数（Continuous NM-KDF，CNM-KDF）的概念，并利用 OTLF 给出了基于标准假设的 CNM-KDF 的构造。进一步，他们利用 CNM-KDF 给出了抗多项式篡改的 PKE 的一般构造，从而首次得到了基于标准假设的抗多项式篡改的 PKE 方案。

以上是构造抗密钥泄露攻击和抗密钥篡改攻击的 PKE 的一些代表性方法。下面我们来重点介绍在同时抗密钥泄露和密钥篡改攻击方面的研究现状。

鉴于密码设备在现实中会同时遭遇密钥泄露和密钥篡改这两类物理攻击，Kalai 等[42]于 2011 年首次研究了如何设计同时抗密钥泄露攻击和密钥篡改攻击的公钥密码算法。为此，他们首先定义了连续篡改和泄露（Continuous Tampering and Leakage，CTL）模型——在该模型中攻击者不但可连续进行 PTA 攻击而且可连续对当前密钥进行泄露询问，并基于该模型提出了一种带有密钥更新机制（Key-Update Mechanism）的单比特加密方案。然而，该方案只能达到 IND-CTL-CPA 安全，也就是说他们没有考虑 PTA 攻击对 IND-CCA 安全的影响。其次，他们弱化 CTL 模型提出了一种新的刻画密钥泄露和篡改攻击的模型，称之为连续篡改和有界泄露（Continuous Tampering and Bounded Leakage，CTBL）模型，并基于"自毁"机制给出了一种在该模型下安全且高效的数字签名算法。

2016 年，Fujisaki 等[43]进一步考虑如何在上述（CTL 和 CTBL）模型下实现 IND-CCA 安全，这里允许攻击者观察密文在篡改后的密钥下的解密结果。首先，他们基于"自毁"机制证明了 Qin 等[23]所提出的 IND-LR-CCA 安全的 PKE 在 CTBL 模型下是安全的；其次，他们给出了一种新的带密钥更新的 PKE 方案，并在标准模型下证明了新方案是 IND-CTL-CCA 安全的。

与上述方法不同，Damgård 等[44]于 2012 年提出了一种同时抗密钥泄露和篡改攻击的新方法，该方法避免了对"自毁"或密钥更新机制的依赖，其主要思想是将算法的抗密钥篡改性规约到其抗泄露性。通过该方法，他们实现了对任意篡改函数的 RKA 安全。由于 Gennaro 等[16]已证明在没有额外条件的情况下任何密码算法都无法抵抗多项式次任意篡改，因而为实现抗任意篡改性他们通过限制篡改次数提出了有界泄露和篡改（Bounded Leakage and Tampering, BLT）模型，该模型只允许攻击者进行有限次密钥篡改攻击。然后，基于 NIZK 技术和一种特殊的 IND-CPA PKE，他们提出了一种 IND-BLT-CCA 安全的 PKE，并基于 BHHO 方案给出了一个实例。与此同时，他们给出了一种在随机预言机模型下满足 BLT 安全的数字签名方案。

2016 年，Faonio 等[45]进一步证明了 Dodis 等[46]所提出的抗泄露的数字签名和 Qin 等[23]所提出的 IND-LR-CCA PKE 满足 BLT 安全，从而得到了第一个在标准模型下满足 BLT 安全的数字签名以及第一个不依赖于 NIZK 技术的 IND-BLT-CCA 安全的 PKE 方案。

随后，针对[44,45]不支持事后篡改（Post-Challenge Tampering）而现实中攻击者在看到挑战信息后依旧可发起篡改攻击这一问题，Sun 等[47]首先提出了一种抗有界泄露和事后篡改攻击的安全模型，然后引入了具有密钥同态性的 HPS（KH-HPS）的概念，并基于 KH-HPS 以及 NIZK 证明技术给出了一种在所提模型下可证安全的 PKE 的通用构造，该构造能容忍更多的密钥泄露且同时允许敌手进行多项式次密钥篡改攻击。此外，他们基于 DDH 困难假设给出了第一个同时抗辅助输入泄露和事后篡改攻击的 PKE 方案。

最近，鉴于[47]所提安全模型不支持攻击者发起与挑战密文相关的篡改攻击，Sun 等[48]进一步给出了一种更加合理的抗密钥泄露和篡改攻击的安全模型，并设计了一个满足该安全性的 PKE 方案。为此，他们首先提出了一种同时满足密钥同态性和公钥抗碰撞性的哈希证明系统，并利用该系统和 NIZK 技术给出了首个同时抗密钥泄露以及（可依赖于挑战密文的）篡改攻击的 IND-LR-CCA 安全的 PKE 方案。

以上研究主要是针对某种特殊密码功能（如加密或签名）开展的，Liu 等[49]在 2012 年提出了一种从算法层面保护任意确定性密码设备免受连续密钥泄露和篡改攻击的方法。如上所述（详见[16]），若不引入新的随机数或对泄露和篡改攻击加以限制，则不存在密码算法可以抵抗多项式次任意泄露和篡改攻击。于是，他们提出了连续性独立泄露和篡改（Continuous Split-State Leakage and Tampering，CSSLT）模型，这里要求密钥存储器至少由两部分构成且它们所遭受的物理攻击相互独立。基于抗泄露的非延展编码（Leakage-Resilient Non-Malleable Code，LR-NMC）以及健壮的 NIZK 证明技术，他们同时给出了一种通用的密码功能编译器，编译后的密码设备可满足 CSSLT 安全。

综上，国内外学者在抗密钥泄露和抗密钥篡改攻击方面已取得了一系列研究成果。然而，在抗物理攻击（即同时抗密钥泄露和篡改攻击）方面的研究尚处于起步阶段，还有很多问题有待进一步研究，下面我们对若干相关问题做一简要总结。

3 总结与展望

本文简要回顾了国内外在抗密钥泄漏攻击或密钥篡改攻击的公钥加密算法方面所取得的一些研究进展，并重点介绍了在抗物理攻击方面的一些研究工作。结合当前抗物理攻击的研究现状以及我们在该领域的研究积累，我们认为还存在很多问题有待进一步探讨和思考，包括：

（1）鉴于当前抗物理攻击安全模型的多样性，结合实际合理分析、建立同时抗两种攻击的安全模型，并探讨各模型之间的关系；

（2）鉴于"自毁"、密钥更新等对硬件要求过高，探讨如何在没有过多（硬件）要求的情况下设计高效易实现的抗物理攻击的公钥加密算法；

（3）鉴于工业界中标准化密码算法的安全性基本都是在传统的安全模型中评估的，研究其在上述新型攻击或新型环境下的安全性。

除了本文所讨论的物理攻击之外，Liu 等[50]还详细探讨了公钥加密算法所面临的其他新挑战，如复杂环境下的选择打开攻击、随机数相关攻击等，并指出如何设计同时满足各种安全属性的公钥加密方案将是一项非常大的挑战。鉴于当前物理攻击的普遍性以及此类攻击对各种物联网设备、智能卡芯片安全的严重威胁，从安全模型的建立、方案的设计以及新模型下的安全性证明等方面系统深入研究有效防护物理攻击的理论方法与技术，不但具有较大的理论价值，同时也颇具现实意义。

参考文献

［1］ Goldwasser, S. and Micali, S.： Probabilistic encryption. J. Comput. Syst. Sci. 28 (2)：270-299（1984）．

［2］ Kocher, P. C.： Timing attacks on implementations of Diffie-Hellman, RSA, DSS, and other systems. In：CRYPTO 1996, pp. 104-113（1996）．

［3］ Kocher, P. C., Jae, J. and Jun, B.： Differential power analysis. In：CRYPTO 1999, pp. 388-397（1999）．

［4］ Gandolfi, K., Mourtel, C. and Olivier, F.： Electromagnetic analysis：Concrete results. In：CHES2001, pp. 251-261（2001）．

［5］ Biham, E. and Shamir, A.： Differential fault analysis of secret key cryptosystems. In：CRYPTO 1997, pp. 513-525（1997）．

［6］ Boneh, D., DeMillo, R. A. and Lipton, R. J.： On the importance of checking cryptographic protocols for faults. In：EUROCRYPT 1997, pp. 37-51（1997）．

［7］ Barenghi, A., Breveglieri, L., Koren, I. and David Naccache： Fault injection attacks on cryptographic devices：theory, practice, and countermeasures. Proceedings of the IEEE 100 (11)：3056-3076（2012）．

［8］ Güneysu, T. and Moradi, A.： Generic side-channel countermeasures for reconfigurable devices. CHES 2011：33-48.

［9］ Veyrat-Charvillon, N., Medwed, M., Kerckhof, S. and Standaert, F. X.： Shuffling against side-channel attacks：a comprehensive study with cautionary note. ASIACRYPT 2012：740-757.

［10］ Rivain, M. and Prouff, E.： Provably secure higher-order masking of AES. CHES 2010：413-427.

［11］ Moradi, A., Poschmann, A., Ling, S., Paar, C. and Wang, H.： Pushing the limits: a very compact and a threshold implementation of AES. EUROCRYPT 2011: 69-88.

[12] Balasch, J., Faust, S. and Gierlichs, B.: Inner product masking revisited. EUROCRYPT (1) 2015: 486-510.

[13] Micali, S. and Reyzin, L.: Physically observable cryptography (Extended Abstract). TCC 2004, pp. 278-296 (2004).

[14] Dziembowski, S. and Pietrzak, K.: Leakage-resilient cryptography. In: FOCS 2008. pp. 293-302 (2008).

[15] Bellare, M. and Kohno, T.: A theoretical treatment of related-key attacks: RKA-PRPs, RKA-PRFs, and applications. In: EUROCRYPT 2003. pp. 491-506 (2003).

[16] Gennaro, R., Lysyanskaya, A. and Malkin, T., et al.: Algorithmic tamper-proof (ATP) security: Theoretical foundations for security against hardware tampering. In: Naor, M. (ed.) TCC 2004, pp. 258-277. (2004)

[17] Halderman, J. A., Schoen, S. D., and Heninger N., et. al.: Lest we remember: Cold boot attacks on encryption keys. In: USENIX Security Symposium, pp. 45-60 (2008).

[18] Akavia, A., Goldwasser, S. and Vaikuntanathan, V.: Simultaneous hardcore bits and cryptography against memory attacks. In: TCC 2009, pp. 474-495 (2009).

[19] Naor, M. and Segev, G.: Public-key cryptosystems resilient to key leakage. In: CRYPTO, pp. 18-35 (2009).

[20] Dodis, Y., Goldwasser, S., Kalai, Y. T., Peikert, C. and Vaikuntanathan, V.: Public-key encryption schemes with auxiliary inputs. In: TCC 2010, pp. 361-381 (2010).

[21] Cramer, R., Shoup, V.: Universal hash proofs and a paradigm for adaptive chosen ciphertext secure public-key encryption. In: EUROCRYPT 2002, pp. 45-64 (2002).

[22] Naor, M. and Yung, M.: Public-key cryptosystems provably secure against chosen ciphertext attacks. In: Ortiz, H. (ed.) STOC 1990, pp. 427-437. ACM (1990).

[23] Qin, B. and Liu, S.: Leakage-resilient chosen-ciphertext secure public-key encryption from hash proof system and one-time lossy filter. In: ASIACRYPT 2013, pp. 381-400 (2013).

［24］ Han, S., Liu, S., Lyu, L. and Gu, D.: Tight leakage-resilient CCA-security from quasi-adaptive hash proof system. CRYPTO (2) 2019: 417-447.

［25］ LeFKo, A. B., Rouselakis, Y. and Waters, B.: Achieving leakage resilience through dual system encryption. TCC 2011, pp. 70-88 (2011).

［26］ Zhang, M., Yang, B. and Takagi, T.: Bounded leakage-resilient functional encryption with hidden vector predicate. The Computer Journal, 2013, 56 (4): 464-477 (2013).

［27］ Sun, S. F., Gu, D. and Huang, Z.: Fully secure wicked identity-based encryption against key leakage attacks. Comput. J. 58 (10): 2520-2536 (2015).

［28］ Hazay, C., López-Alt, A., Wee, H. and Wichs, D.: Leakage-resilient cryptography from minimal assumptions. EUROCRYPT 2013: 160-176.

［29］ Dachman-Soled, D., Gordon, S. D., Liu, F. H., O'Neill, A. and Zhou H. S.: Leakage-resilient public-key encryption from obfuscation. Public Key Cryptography (2) 2016: 101-128.

［30］ Chen, Y., Wang, Y. and Zhou H. S.: Leakage-resilient cryptography from puncturable primitives and obfuscation. ASIACRYPT (2) 2018: 575-606.

［31］ Liu, S., Weng, J., Zhao, Y.: Efficient public key cryptosystem resilient to key leakage chosen ciphertext attacks. In: CT-RSA 2013, pp. 84-100 (2013).

［32］ Kurosawa, K. and Phong, L. T.: Leakage resilient IBE and IPE under the DLIN assumption. In: ACNS 2013, pp. 487-501 (2013).

［33］ Brakerski, B., Goldwasser, S.: Circular and leakage resilient public-key encryption under subgroup indistinguishability - (or: quadratic residuosity strikes back). In: CRYPTO 2010, pp. 1-20 (2010).

［34］ Halevi, S. and Lin, H.: After-the-fact leakage in public-key encryption. In: Theory of Cryptography, pp. 107-124 (2011).

［35］ Bellare, M., Cash, D.: Pseudorandom functions and permutations provably secure against related-key attacks. CRYPTO 2010, pp. 666-684 (2010).

［36］Bellare, M., Cash, D. and Miller, R.: Cryptography secure against related-key attacks and tampering. ASIACRYPT 2011, pp. 486-503（2011）.

［37］Bellare, M., Paterson, K. G. and Thomson, S.: RKA security beyond the linear barrier: IBE, encryption and signatures. In: ASIACRYPT 2012, pp. 331-348（2012）.

［38］Dziembowski, S., Pietrzak, K. and Wichs, D.: Non-malleable codes. In: Innovations in Computer Science-ICS 2010, pp. 434-452（2010）.

［39］Faust, S., Mukherjee, P., Nielsen, J. B. and Venturi, D.: Continuous non-malleable codes. In: TCC 2014. LNCS, vol. 8349, pp. 465-488（2014）.

［40］Qin, B., Liu, S., Yuen, T. H., Deng, R. H. and Chen K.: Continuous non-malleable key derivation and its application to related-key security. Public Key Cryptography 2015: 557-578.

［41］Faust, S., Mukherjee, P., Venturi, D., Wichs, D.: Efficient non-malleable codes and key-derivation for poly-size tampering circuits. In: EUROCRYPT 2014. LNCS, vol. 8441, pp. 111-128.

［42］Kalai, Y. T., Kanukurthi, B. and Sahai, A: Cryptography with tamperable and leaky memory. In: CRYPTO 2011, pp. 373-390（2011）.

［43］Fujisaki, E., Xagawa, K.: Public-key cryptosystems resilient to continuous tampering and leakage of arbitrary functions. In: ASIACRYPT（1）2016, pp. 908-938（2016）.

［44］Damgård, I, Faust, S., Mukherjee, P. and Venturi, D.: Bounded tamper resilience: how to go beyond the algebraic barrier. In: ASIACRYPT（2）2013, pp. 140-160（2013）.

［45］Faonio, A., Venturi, D.: Efficient public-key cryptography with bounded leakage and tamper resilience. In: ASIACRYPT（1）2016, pp. 877-907（2016）.

［46］Dodis, Y., Haralambiev, K., Lopez-Alt, A. and Wichs, D.: Efficient public-key cryptography in the presence of key leakage. In: ASIACRYPT 2010, pp. 613-631（2010）.

［47］Sun, S. F., Gu, D., Parampalli, U., Yu, Y. and Qin, B.: Public key encryption resilient to leakage and tampering attacks. J. Comput. Syst. Sci.（89）：142-156（2017）.

［48］Sun，S. F.，Gu，D.，Au，M. H.，Han，S.，Yu，Y. and Liu J. K.：Strong leakage and tamper-resilient PKE from refined hash proof system. ACNS 2019：486-506.

［49］Liu，F.，Lysyanskaya，A.：Tamper and leakage resilience in the split-state model. In：CRYPTO 2012, pp. 517-532（2012）.

［50］刘胜利. 公钥加密系统的可证明安全——新挑战新方法. 密码学报，2014，1（6）：537-550.

对称密码分析中条件立方攻击研究进展

黄森洋

(Department of Computer Science, University of Haifa, Haifa, Israel, 3498838)

[摘要] 由于 SHA-1 的理论破解，美国国家标准与技术协会（NIST）于 2007 年宣布公开对外征集新的哈希函数标准（SHA-3）。经过五年的分析与研究，Keccak 海绵函数于 2012 年胜选，成为新一代哈希函数标准（SHA-3）。Keccak 海绵函数的安全性分析是最近对称密码领域最受关注的核心问题之一。另外，其他基于海绵结构的密码算法也被相继提出，其安全性分析备受国际密码学界的关注。条件立方攻击模型在 Eurocrypt'2017 被提出，是分析基于海绵结构密码算法的重要工具之一。本文对博士学位论文"针对约减轮 Keccak 海绵函数的条件立方攻击"中的代表性研究成果进行归纳总结，并介绍了近年来条件立方攻击模型的发展，对促进基于海绵结构密码算法的设计与分析具有重要意义。

[关键字] 对称密码分析；Keccak 海绵函数；条件立方区分器；消息认证算法；认证加密算法

Research Advance on Conditional Cube Attack in Symmetric-key Cryptanalysis

Senyang Huang

(Department of Computer Science, University of Haifa, Haifa, Israel 3498838)

[**Abstract**] As SHA − 1 has been broken theoretically, National Institute of Standardization Technology (NIST) publicly called for the new generation of Standard Hash Function (SHA-3) in 2007. After the research and analysis, Keccak sponge function has been announced to be the winner of SHA-3. The security analysis of Keccak sponge function has attracted considerable attention from the research community. Besides, other cryptographic primitives based on sponge construction have been proposed, the security of which is an attractive research topic as well. Conditional cube attack is proposed on Eurocrypt' 2017, which is one of the most powerful tools to analyze the security of sponge-constructed ciphers. In this paper, we will briefly introduce the dedicated research results of my PhD thesis entitled "Conditional Cube Attack on Round-reduced Keccak Sponge Function" and the development of conditional cube attack in recent years. The content of this paper is of great significance to promote the design and analysis of sponge-constructed cryptographic primitives.

[**Key words**] Symmetric-key Cryptanalysis, Keccak sponge function, Conditional cube attack, Message authentication code, Authenticated encryption

1 概述

哈希函数是一类在信息安全领域广泛应用的单向函数，它将任意长度的二进字符串映射成固定长度的值，这个值被称为哈希值。在实际应用中，哈希函数可以用于保障数据完整性的数字签名，病毒防护，软件分发和认证协议的设计等方面。一个安全的哈希函数需要具备三条安全属性，即抗原像攻击，抗第二原像攻击和抗碰撞攻击。

2004 年前后，王小云等提出了比特追踪法，成功破解了国际上包括 SHA-1[1]、MD5[2] 等多个主流哈希函数算法。受到这一系列工作的影响，美国国家标准与技术协会（NIST）于 2011 年宣布将逐步淘汰之前被广泛使用的 SHA-1 算法。同时，由于 SHA-1 的理论破解，美国国家标准与技术协会（NIST）于 2007 年公开对外征集新的 Hash 函数标准（SHA-3）。经过五年的分析与研究，由 Bertoni，Daemen，Peeters 和 Giles 等设计的 Keccak 海绵函数于 2012 年被选为新一代哈希函数标准（SHA-3）[3]。Keccak 海绵函数的安全性分析是最近对称密码领域最受关注的核心问题之一，成为了新的研究热点。由于 Keccak 海绵函数基于海绵结构，传统的密码分析模型很难直接应用在 Keccak 算法的安全性分析上，这就促使新的分析模型的产生。

Keccak 海绵函数不仅可以用作哈希函数，也可以用于密钥模式，例如用于构造消息认证算法 Keccak-MAC，保护信息的完整性和可认证性。另外，许多基于海绵结构的消息认证算法和认证加密算法也被相继设计出来。在条件立方攻击模型被提出之前，国际上密码学家们的研究工作多集中于 Keccak 海绵函数的原象攻击，第二原象攻击和碰撞攻击上。在 Eurocrypt'2017 上，Senyang Huang 等提出了条件立方攻击，并应用于 Keccak 海绵函数的安全性分析中，大幅改进了之前的分析结果[4]。条件立方攻击基于 Keccak 海绵函数的代数性质，使用消息修改技术，对明文添加比特条件，控制条件立方变量和普通立方变量之间的相乘关系，使得某一特殊的单项式在输出多项式中不存在。通过这一非随机现象，构造条件立方攻击。

近年来，条件立方攻击的研究工作有了进一步发展，被广泛应用于基于海绵结构的密码算法的安全性分析上。Zheng Li 等将条件立方攻击推广到更一般的情况，并将其应用在认证加密算法 Ascon 的安全性分析中[5]。Ascon 算法是 CAESAR 认证加密算法竞赛的胜选算法，Zheng Li 等给出的分析结果仍是目前 Ascon 算法的最好分析结果。在 Asiacrypt'2017 上，Zheng Li 等将原有的条件立方攻击的构造过程进行了改进，将其立方变量的选择问题归结为混合整数规划问题，可以在较小的消息空间中找到更多满足条件的立方变量[6]。Wenquan Bi 等选择特殊的条件立方变量，进一步减少条件立方变量的扩散，由此分析了消息空间更小的认证加密算法 River Keyak[7]。在 Asiacrypt'2018 上，Ling Song 等对立方变量选择算法进行改进，构造出到包含比特条件更少的条件立方区分器，剔除不相关的比特条件。给出了 KMAC 算法、Keccak-MAC 算法、Lake Keyak 算法、River Keyak 算法、Ketje Major/Minor 算法、Ketje SR v1 算法等的分析结果[8]。此后，Zheng Li 等提出了新型条件立方区分器，通过添加比特条件控制立方变量二次项的相乘关系，改进了 Ling Song 等的部分分析结果[9]。

本文先介绍立方攻击的基本思想，再介绍条件立方攻击在 Keccak 海绵函数安全性分析中的应用。接下来，我们概述条件立方攻击的研究进展。最后，对全文进行总结。

2 立方攻击

立方攻击是分析对称密码算法的几个重要工具之一，由 Itai Dinur 等在 Eurocrypt'2009 上提出，用于分析流密码 Trivium 的安全特性[1, 10]。立方攻击扩展了选择初值（IV）统计攻击，同时也是高阶差分攻击的推广。为了更好地描述条件立方攻击模型，在本节中，我们首先简单描述立方区分器模型的基本思想，再介绍几个基于立方区分器的几种攻击模型，如立方攻击，动态立方攻击等。为便于理解立方区分器模型，我们首先介绍布尔函数的相关定义，包括布尔函数，汉明重量，布尔函数的次数等。

定义一（布尔函数）令布尔函数 f 将 x 从 F_2^n 映射到 F_2，则它可以被唯一的表示为：

$$f(x) = \bigoplus_{u \in F_2^n} a_u^f \left(\prod_{i=1}^n x[i]^{u[i]} \right)$$

其中 $a_u^f \in F_2$ 是与 u 和 f 有关的常数，$u[i]$ 为 u 的第 i 个分量。这种表示称为布尔函数 f 的代数标准型。

定义二（汉明重量）对于任意 $u \in F_2^n$，其汉明重量 $w_u = \sum_{i=1}^n u[i]$ 。

定义三（布尔函数次数）若布尔函数 f 的代数标准型中的系数，满足 $w_u > d$ 的 a_u 都为零，则称布尔多项式 f 的次数不超过 d，记作 $\deg(f)$。

所有密码算法都可以表示成向量形式的布尔函数。例如，令某个 n 比特 S 盒的布尔函数 $F = (f_0, f_1, \cdots, f_{n-1})$ 。若 $\deg(f_i) \leqslant d$，$0 \leqslant i \leqslant n-1$，则称 S 盒的代数次数不超过 d。

2.1 立方区分器

在本小节中，我们介绍立方区分器的主要思想。立方区分器由 Jean-Philippe 等人于 2009 年提出[11]，可用于研究某些密码算法的代数性质，借助布尔函数的代数次数，寻找密码算法的非随机现象，将密码算法与随机函数进行区分。

如果给定一个布尔函数，其代数次数不超过 d 次，那么遍历 $k(k \leqslant d)$ 个立方变量的 2^k 个可能取值，对布尔函数进行求和，求得的值称为立方和。此立方和为布尔函数中一个单项式的系数。立方和也可以看作密码算法输出多项式关于这些立方变量的高阶差分。接下来，我们给出关于立方区分器的定理：

定理一（立方区分器[10]）令 $f(X)$：$F_2^n \to F_2$ 是关于变量 x_0，x_1，$\cdots$，x_{n-1} 的布尔函数，其代数次数为 d，单项式 $\prod_{i=0}^{k-1} x_i$ 记为 T。若布尔函数 f 可以写成如下形式：

$$f(X) = T P_t(x_k, \cdots, x_{n-1}) + Q_t(X)$$

其中 $Q_t(X)$ 中的任意一项都不能被单项式 T 整除，且 $0 < k \leqslant d$，则

$$\sum_{x' \in C_T} f(x', x_k, \cdots, x_{n-1}) = P_t(x_k, \cdots, x_{n-1})$$

其中立方 C_T 包含所有长度为 k 的二元向量。

2.2　立方攻击和动态立方攻击

一些基于立方区分器的密码分析模型相继被提出，例如立方攻击，动态立方攻击等。立方攻击由 Itai Dinur 等于 2009 年提出[10]，用于 Trivium[11,12]，Hitag2[13] 等流密码密钥恢复攻击中。立方攻击的主要思想是搜索特殊的立方变量，使得定理一中的多项式 P_t 具有某些特殊的非随机性质，例如多项式 P_t 的线性性质，低代数次数，高度非平衡性等。

在预计算的过程中，敌手可以找到足够多具有此非随机性质的立方。在攻击过程中，敌手计算立方和并利用非随机性质区分密钥。从攻击过程中可知，攻击者不需要提前知道密码算法的具体细节，他只需要搜索到足够多具有特殊性质的立方即可构造攻击。因此，立方攻击是一种黑箱攻击。立方攻击只适用于代数次数相对较低的密码算法。若密码算法的代数次数较高，则输出密文的布尔多项式变得相对复杂，代数次数上升较快。一般地，具有非随机性质的立方维数增加，进而降低了搜索特殊立方的可行性。

动态立方攻击由 Itai Dinur 等于 2011 年提出[14]，用于破解约减轮数的 Grain-128 流密码算法，可以看做立方区分器的扩展。此后，Itai Dinur 等又改进了动态立方攻击，从实验上破解了全轮 Grain 流密码算法。动态立方攻击通过添加比特条件的手段，简化中间多项式，达到降低输出多项式次数的目的。

接下来，我们将用一个例子来描述动态立方攻击的基本思想。令布尔多项式 P 可以写成以下形式：

$$P(V, K) = P_1 P_2 + P_3,$$

其中 $V = (v_0, v_1, \cdots, v_n)$，$v_i (0 \leqslant i \leqslant n)$ 为明文变量；$K = (k_0, k_1, \cdots, k_n)$，其中 $k_i (0 \leqslant i \leqslant n)$ 为密钥变量。

在这三个布尔多项式中，假设 $P_1 = v_0 + k_0$，P_2 中次数超过 d_0 的单项式是稠密的，P_3 中次数超过 d_0 的单项式是稀疏的。为了恢复 k_0 的值，敌手对明文变量添加比特条件 $v_0 = k_0$。敌手猜测 k_0 的值。若猜测正确，则 P_3 中次数超过 d_0 的单项式是稀疏的。维数大

于 d_0 的立方和字符串中，0 的个数大于 1 的个数。否则，这些立方和为随机字符串。攻击过程如下：

（1）敌手猜测 k_0 的值；

（2）敌手构造若干维数大于 d_0 的立方，并相应的计算立方和；

（3）若这些立方和组成的字符串中，0 的个数大于 1 的个数，输出 k_0；否则转回第一步。

动态立方攻击的问题在于，由于计算能力和存储能力的限制，我们无法准确地计算出大多数密码算法输出多项式，进而无法给出精确的 d_0。Itai Dinur 等使用统计方法估计 d_0，产生随机立方，计算立方和，测试一个立方的时间复杂度为 $O(2^{d_0})$。当 d_0 较大时，该方法的可行性降低。Ximing Fu 等在文献［15］中提出代数次数估计算法，对输出多项式中可能产生高次项的单项式进行回溯展开，估计输出多项式的次数。这两种方法需要消耗大量的计算资源或存储能力。

3 条件立方攻击在 Keccak 海绵函数安全性分析中的应用

在本节中，我们先简要概述 Keccak 海绵函数的两种工作模式，包括无密钥模式和密钥模式。然后，介绍条件立方攻击的基本思想，和它在 Keccak 海绵函数两种工作模式上的应用。

3.1 Keccak 海绵函数

Keccak 海绵函数不仅在无密钥模式下用作哈希函数，还可以用于构造密钥模式下的消息认证算法和认证加密算法。接下来我们分别介绍 Keccak 海绵函数的两周工作模式。

3.1.1 Keccak 海绵函数的无密钥模式

Keccak 海绵函数基于海绵结构，海绵结构由 Bertoni 等提出，如图 1 所示。Keccak 海绵函数默认的状态长度为 1600 比特，有 Keccak-224，Keccak-256，Keccak-384 和 Keccak-512 共四个版本。海绵函数 Keccak-n 的初始状态分为两部分，即比特率和容量；容量长度 $c = 2n$ 比特，比特率长度为 r 比特，其中 $r = 1600 - c$。

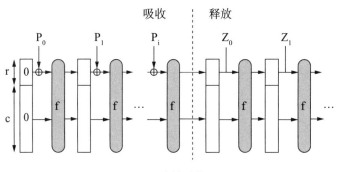

图 1　海绵结构

Keccak 的初始状态为零，消息被填充到状态的前 r 比特的分组（比特率）中。Keccak 海绵函数分为两个阶段，即吸收阶段和释放阶段。在吸收阶段中，每个 r 比特消息分组与整个状态的前 r 比特进行异或运算；接下来，此状态被 Keccak-f 置换作用，置换的长度为 24 轮。在所有消息分组都被吸收之后，释放阶段开始。在这个阶段中，中间状态在每一次经过 Keccak-f 置换作用后，输出前 r 比特，直到生成长度为 n 比特的摘要为止。以 Keccak-224 为例，其消息分组为 1152 比特，输出的摘要为 224 比特。

Keccak-n 的轮函数由五个操作组成，即 θ，ρ，π，χ，和 ι，则轮函数 $R = \iota \circ \chi \circ \pi \circ \rho \circ \theta$。由于篇幅的限制，这里忽略各个运算的具体步骤，仅介绍与条件立方攻击相关的性质。

θ 操作可以使状态混乱。若某变量在 θ 操作的输入状态中的每一列都出现偶数次，则此变量不会在 θ 操作中不扩散到状态中的其他列。这条性质被称为列校验和。由此，立方变量在第一轮的扩散可以被控制。列校验和性质被广泛地应用在 Keccak 海绵函数的安全性分析中。例如，在文献［16］中，Itai Dinur 等选择列校验和为零的变量作为立方变量，使这些变量在第一轮 Keccak 置换中两两互不相乘，以降低立方的维数，降低计算复杂度。在条件立方攻击中，我们使用消息修改技术，对明文消息添加比特条件，进一步控制变量的相乘关系。

操作 ρ 和 π 只是改变比特的位置。操作 θ，ρ 和 π 为线性函数，$\pi \circ \rho \circ \theta$ 被称为 0.5 轮 Keccak 置换。在 Keccak 海绵函数的轮函数中，操作 χ 是唯一的非线性函数，代数次数

为二次。经过 n 轮 Keccak 置换后，输出多项式的代数次数不超过 2^n 。

3.1.2 Keccak 海绵函数的密钥模式

消息认证码用于保障通讯中消息的完整性和可认证性。因此，消息认证码需要满足两条安全性要求，即抗密钥恢复攻击和抗伪造攻击。基于 Keccak 算法的密钥模式将密钥嵌入消息作为 Keccak 海绵函数的输入。Keccak-MAC 为基于 Keccak 海绵函数的消息认证算法，其结构如图 2 所示。

认证加密算法将解密过程与消息的完整性认证结合在一起，保证了数据的保密性，完整性和可认证性。基于 Keccak 海绵函数的 Keyak 认证加密算法是 CAESAR 认证加密算法竞赛的第三轮候选算法。此处只介绍 Keyak 算法的两个版本，Lake Keyak 和 River Keyak。Lake Keyak 算法的长度为 12 轮，状态长度为 1600 比特，它的分组长度为 1344 比特，密钥和随机值都为 128 比特，其结构如图 3 所示。River Keyak 算法的长度也是 12 轮，状态长度 800 比特，分组长度为 544 比特，密钥和随机值都为 128 比特。当不需要对数据进行保密时，这两个版本中的随机值都可以重复使用。

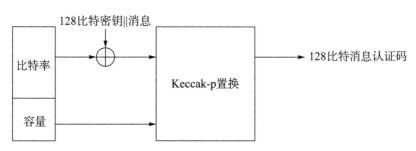

图 2　Keccak-MAC 算法

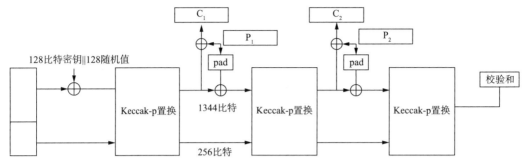

图 3 **Lake Keyak** 认证加密算法

3.2 条件立方攻击在 Keccak 海绵函数安全性分析中的应用

条件立方攻击受到了比特追踪法和消息修改技术的启发。比特追踪法和消息修改技术由王小云等首先提出，之后被广泛应用于对称密码的安全性分析中，尤其对 Hash 函数的碰撞攻击极为有效[1,2]。比特追踪法通过对明文消息添加比特条件，控制差分的扩散，提高差分路线的概率，降低攻击的复杂度。条件立方攻击同样对明文消息添加比特条件，控制立方变量的扩散，进而控制立方变量之间的相乘关系。

另外，条件立方攻击也受到了针对 Grain-128 流密码的动态立方攻击的启发[14]。动态立方攻击对初始值（IV）设置比特条件，使得算法的中间多项式被简化，导致输出多项式具有非随机性质。由于 Keccak 海绵函数的结构与 Grain 流密码的结构不同，动态立方攻击不能直接应用到 Keccak 海绵函数的安全性分析中。条件立方攻击基于 Keccak 海绵函数轮函数的代数结构，使得在比特条件成立的情况下，某一特殊的单项式不存在于输出布尔多项式中。根据立方变量之间的相乘关系，Senyang Huang 等将立方变量分成两类，即普通立方变量和条件立方变量[4]，其定义如下：

定义四 若立方变量由于被比特条件控制，经过第一轮和第二轮 Keccak 置换后两两不相乘，则称其为**条件立方变量**；若立方变量在第一轮 Keccak 置换后两两不乘，并且在第二轮 Keccak 置换后也不与任何条件立方变量相乘，则称其为**普通立方变量**。

根据以上定义，Senyang Huang 等根据立方变量之间的相乘关系和 Keccak 海绵函数的代数结构给出了定理二[4]。该定理给出了构造 $(n+2)$ 轮 Keccak 海绵函数条件立方区分器，需要的条件立方变量和普通立方变量的个数。

定理二 对于 $(n + 2)$ 轮 Keccak 海绵函数，若存在 $p(0 \leqslant p < 2^n + 1)$ 个条件立方变量 $v_1, \cdots, v_p$ 和 $q = 2^{n+1} - 2p + 1$ 个普通立方变量 $u_1, \cdots, u_q$（$q = 0$ 时，$p = 2^n + 1$），那么单项式 $v_1 v_2 \cdots v_p u_1 \cdots u_q$ 不会出现在 $(n + 2)$ 轮 Keccak 海绵函数的输出多项式中。

当 $p = 1$，$q = 2^{n+1} - 1$ 时，Senyang Huang 等应用这类条件立方区分器构造了 $(n + 2)$ 轮密钥模式 Keccak 算法的密钥恢复攻击。攻击过程如下：

（1）敌手选取相应的立方变量，并根据条件立方变量的位置推导出比特条件；

（2）敌手猜测比特条件中的等价密钥，选取符合比特条件的特殊明文，再遍历所有立方变量的取值，计算立方和；

（3）若敌手猜到是正确密钥，根据定理二，他计算得到的立方和为零；否则立方和为随机字符串，转第二步。

当 $p = 2^n + 1$，$q = 0$ 时，Senyang Huang 等构造了 Keccak 海绵函数的区分攻击，用以区分 Keccak 海绵函数和随机函数。攻击过程如下：

（1）敌手找出 $2^n + 1$ 个条件立方变量的组合，并根据条件立方变量的位置推导比特条件；

（2）敌手选取符合比特条件的特殊明文，遍历所有立方变量的取值，计算立方和；

（3）若立方和为零，敌手输出该函数为 Keccak 海绵函数；若立方和为随机字符串，敌手判定该函数为随机函数。

在攻击过程中，敌手只需记录立方和。因此，条件立方攻击的存储复杂度可以忽略不计。由以上攻击过程可见，构造条件立方区分器的关键在于选取立方变量的组合。根据两种立方变量的定义，在构造区分器的过程中需要判断立方变量之间的相乘关系。显然，通过计算中间状态的布尔函数表达式可以直接确定立方变量是否相乘，但此过程需要消耗大量的内存和时间。在文献［4］中，Senyang Huang 等发现截断差分特征可以用于描述立方变量的扩散性质，即确定立方变量在经过 Keccak 轮函数的作用后会出现的位置。再根据 Keccak 海绵函数中非线性运算 χ 的性质，即可高效的判断立方变量之间的相乘关系。Senyang Huang 等使用截断差分特征作为工具，提出了判断条件立方变量和普通立方变量相乘关系的算法，大大提高了构造条件立方攻击的效率。

对于 Keccak 海绵函数的密钥模式，Senyang Huang 等使用贪婪算法，将候选立方变量之间的相乘关系作为算法的输入，得到了立方变量的组合，得到满足条件的立方变量的组合。根据定理二构造了条件区分攻击，恢复了约减轮 Keccak-MAC 算法和 Lake Keyak 算法的密钥。

对于 5 轮 Keccak-MAC-512 算法，Senyang Huang 等构造的密钥恢复攻击，需要调用 2^{24} 次 Keccak 运算。恢复 6 轮 Keccak-MAC-384 算法的密钥，需要调用 2^{40} 计算复杂度。以上两种攻击皆为实际攻击。另外，Senyang Huang 等使用条件立方攻击，破解了 7 轮 Keccak-MAC-256，需要调用 2^{72} 次 Keccak 运算。

在文献［4］中，Senyang Huang 等使用同样的构造方法，给出了认证加密算法 Lake Keyak 的分析结果。破解 7 轮和 8 轮 Keyak 算法的时间复杂度分别是 2^{42} 和 2^{74}。这些结果极大的改进了当时 Keccak-MAC 算法和 Lake Keyak 算法密钥恢复攻击的分析结果[16]。

此外，Senyang Huang 等还将条件立方区分器应用于构造 Keccak 海绵函数的区分攻击。他们将条件立方变量的选择问题归结为混合整数规划问题，构造出相应的条件立方区分器。其中，6 轮 Keccak-512 区分攻击的时间复杂度为 2^9，7 轮 Keccak-384 区分攻击的时间复杂度为 2^{17}，7 轮 Keccak-224 区分攻击的时间复杂度为 2^{33}。这些区分攻击都是实验攻击。这些结果至今仍是关于 Keccak 海绵函数区分攻击的最好结果。

4　条件立方攻击的研究进展

在条件立方攻击被提出之后，此方法被广泛用于对称密码算法的安全性分析中，分析结果如表一所示。需要特别说明的是，这些攻击存储复杂度皆可忽略不计。在此小节，我们将对条件立方攻击的研究进行总结归纳。

在文献［5］中，Zheng Li 等将条件立方区分器模型进行了推广。我们通过以下推论简要介绍此推广模型。

推论　给定具有以下形式的一组布尔多项式 f_0，……，f_{l-1}，其中 f_i 作用于 n 个未知变量 k_0，……，k_{n-1} 和 m 个已知变量 v_0，……，v_{m-1}，且这些布尔多项式具有以下形式：

$$f_i(k_0, \cdots, k_{n-1}, v_0, \cdots, v_{m-1}) = T \cdot g(k_0, \cdots, k_{n-1}, v_s, \cdots, v_{m-1}) \cdot P_i + Q_i$$

其中，$0 \leq i < l$，$T = \prod_{j=0}^{s-1} v_j$，$Q_i$ 中的任一单项式不能被 T 整除。那么，布尔多项式 f_i 的立方和具有如下形式：

$$\sum_{C_T} f_i(k_0, \cdots, k_{n-1}, v_0, \cdots, v_{m-1}) = g(k_0, \cdots, k_{n-1}, v_s, \cdots, v_{m-1}) \cdot P_i$$

其中，立方 C_T 包含所有长度为 s 的向量，布尔函数 g 称为公因子。

显然，若有一组比特条件使得公因子 $g = 0$ 成立，所有布尔函数的立方和皆为零，构成条件立方区分器。接下来，我们用一个例子说明此条件立方区分器。

假设 $g = g_0 \cdot R_0 + g_1 \cdot R_1 + g_2 \cdot R_2$，其中 $g_0 = k_0 + a$，$g_1 = k_1 + b$，$g_2 = k_2 + c$。那么，当 $k_0 = a$，$k_1 = b$，$k_2 = c$ 是，所有布尔函数的立方和皆为零，构成弱密钥区分器。在文献［5］中，Zheng Li 等提出的类立方子集方法，使用消息修改技术，对明文添加比特条件，使得三元组 (a, b, c) 遍历有限域 F_2^3 上的所有取值。在攻击过程中，敌手先猜测密钥值，再根据密钥选择比特条件，构造相应的条件立方区分器，计算立方和。若立方和皆为零，则敌手猜测的值即为正确密钥。

在文献［5］中，Zheng Li 等将其应用在认证加密算法 Ascon 的安全性分析上，Ascon 为 CAESAR 认证加密算法竞赛的获胜算法。其中，5 轮 Ascon 密钥恢复攻击的时间和计算复杂度为 2^{24}；6 轮 Ascon 密钥恢复攻击的时间和计算复杂度为 2^{40}；7 轮 Ascon 密钥恢复攻击的时间和计算复杂度为 $2^{103.9}$。他们还提出了 7 轮 Ascon 的弱密钥攻击，时间和计算复杂度为 2^{77}。

Zheng Li 等在 Asiacrypt'2017 上进一步改进了 Senyang Huang 等在 Eurocrypt'2017 上的结果[6]。在构造条件立方攻击的过程中，Zheng Li 等对立方变量选取问题进行建模，将该问题归结为混合整数规划问题，改进了之前的贪婪算法。通过求解混合整数规划问题，Zheng Li 等在明文空间几个相对较小的 Keccak-MAC 算法中，找到了更多的立方变量组合，将之前的攻击结果扩展了一轮。其中，7 轮 Keccak-MAC-384 算法的时间和数据复杂度为 2^{75}，6 轮 Keccak-MAC-512 算法的时间和数据复杂度为 $2^{58.3}$。

Zheng Li 等还将基于混合整数规划问题构造条件立方区分器的方法，应用在同样基于海绵结构的认证加密算法 Ketje Minor 和 Ketje Major 上。由于由于 Ketje Minor 算法的状态长度相对较短，只有 800 比特，搜索到足够的立方变量构造条件立方区分器变得更加困难。Zheng Li 等使用特殊的条件立方变量，在比特条件满足的情况下，条件立方

变量在第二轮 χ 操作之前不扩散。条件立方变量在在第二轮 χ 操作之前只出现在 6 个比特中。因此条件立方变量在整个状态中的分布更加稀疏，降低了条件立方变量和普通立方变量相乘的可能性。Zheng Li 等提出 6 轮 Ketje Minor 密钥恢复攻击，时间和数据复杂度为 2^{49}；7 轮 Ketje Minor 密钥恢复攻击，时间和数据复杂度为 2^{81}。6 轮 Ketje Major 密钥恢复攻击，时间和数据复杂度为 2^{41}；7 轮 Ketje Major 密钥恢复攻击，时间和数据复杂度为 2^{83}。

在文献［7］中，Wenquan Bi 等将条件立方攻击应用于 River Keyak 算法的安全性分析中。由于 River Keyak 算法。River Keyak 算法的状态长度也相对较短，只有 800 比特，搜索到足够的立方变量构造条件立方区分器变得相对困难。Wenquan Bi 等在他们的攻击中同样使用了特殊的条件立方变量，降低扩散速度。同时，Wenquan Bi 等使用线性结构技术，找到了足够多的普通立方变量。由此，构造出 River Keyak 算法的密钥恢复攻击。其中，攻击 6 轮 River Keyak 算法的时间和数据复杂度皆为 2^{33}，攻击 7 轮算法的时间和数据复杂度为 2^{49}，攻击 8 轮 River Keyak 算法的时间和数据复杂度为 2^{81}。

在文献［8］中，Ling Song 等受 Zheng Li 等人 Asiacrypt'2017 工作的启发，在构造条件立方攻击建模方面和推广条件立方攻击方面做出重要工作。在基于混合整数规划构造条件立方攻击建模方面，Ling Song 等首次提出对 Keccak 置换第一轮线性运算和非线性运算进行完整建模的方法，该方法允许 θ 运算在列校验和之外，允许 χ 运算出现不确定性扩散。此外，改进了第二轮限制的建模，避免不必要的自由度消耗。这些建模方法的改进，扩大了条件立方变量的搜索空间，显著提高了所得条件立方区分器的质量。在推广条件立方攻击方面，为了推进条件立方攻击的轮数，Ling Song 等考虑 Senyang Huang 等人提出的 Keccak 条件立方体的极端情况，即所有立方变量经过前两轮仍然保持线性。这种情况下，必须控制立方变量在第二轮的扩散，这对第二轮的建模提出了新的挑战。针对全状态的情形给出一种第二轮建模的方法，搜索得到的结果解决了 Keyak 设计者提出的 FKD 公开问题，其分析结果如表一所示。

在文献［9］中，Zheng Li 等进一步改进了他们在 Asiacrypt'2017 上的结果。他们进一步研究了 Keccak 海绵函数的代数结构，通过比特条件控制立方变量二次项中的相乘关系，构造新的条件立方区分器。通过以下定理，Zheng Li 等重新构造了 $n + 2$ 轮条件立方区分器。

定理三 假定存在 $2^{n+1}+1$ 个立方变量 v_0，v_1，u_0，……，u_{q-1} 满足下列条件：

（1）在第一轮的输出多项式中，二次项只存在 $v_0 v_1$；

（2）在第二轮中，若比特条件成立，则 $v_0 v_1$ 不与 u_0，……，u_{q-1} 相乘；

（3）在第二轮中，若比特条件不满足，则 $v_0 v_1$ 与 u_0，……，u_{q-1} 中的某些变量相乘。

若以上三个条件成立，则单项式 $v_0 v_1 u_0 \cdots u_{q-1}$ 不出现在 $n+2$ 轮 Keccak 海绵函数的输出多项式中。其中，$v_0 v_1$ 称为核心二次项。除了 v_0，v_1 以外的其他立方变量成为普通立方变量。

在文献［9］中，Zheng Li 等将定理三中的立方变量 v_0，v_1 设置在特殊位置，并通过比特条件修改明文，使得核心二次项在 Keccak 中间状态中只出现在 2 个比特中，进一步减少了核心二次项与其他普通立方变量相乘的可能，增加了满足定理三中条件 2 和条件 3 的立方变量的。通过求解混合整数规划模型，Zheng Li 等构造了 Keccak-MAC，Ketje SR v1，Ketje SR v2，KMAC 算法的密钥恢复攻击，改进了之前的分析结果。其中，7 轮 Keccak-MAC-512 算法的时间和数据复杂度为 2^{72}；6 轮 Ketje SR v1 的时间和数据复杂度为 $2^{40.6}$，7 轮 Ketje SR v1 的时间和数据复杂度为 2^{75}；6 轮 Ketje SR v2 的时间和数据复杂度为 $2^{40.6}$，7 轮 Ketje SR v1 的时间和数据复杂度为 2^{77}。

5 结束语

自从 2012 年，Keccak 海绵函数成为新一代标准哈希算法（SHA-3）以来，Keccak 海绵函数的安全性分析是密码学界广泛关注的问题，对未来哈希函数算法的分析与设计都具有重要的意义。Keccak 海绵函数的碰撞攻击，原象攻击，第二原象攻击成为了国际密码学界关注的焦点。Keccak 海绵函数密钥模式的安全性则很少被触及。另外，海绵结构也被广泛应用于密码算法的设计中，一些与 Keccak 海绵函数具有类似结构的消息认证算法和认证加密算法也被相继设计出来。

条件立方攻击是分析具有海绵结构密码算法的重要工具之一，自 2017 年在 Eurocrypt 提出后，被广泛应用在海绵结构密码算法的安全性分析中。例如，Keccak-MAC，Lake Keyak，River Keyak 和 Ascon 等。条件立方攻击结合了消息修改技术，可以通过设置比特条件，来构造特殊的代数结构。本文简要介绍了条件立方攻击的主要思想，条件立方区分器的构造方法和研究进展。对于条件立方攻击的讨论，有助于条件立方攻击分析理论的发展及相关密码分析技术的发展，对促进基于海绵结构算法的设计与分析也具有重要意义。见表1。

表 1　条件立方攻击分析结果总结

算法	密钥长度	攻击轮数	时间/数据复杂度	文献
Keccak-MAC-512	128 比特	5	2^{24}	[4]
		6	$2^{58.3}$	[6]
		6	2^{40}	[8]
Keccak-MAC-384	128 比特	6	2^{40}	[4]
		7	2^{75}	[6]
Keccak-MAC-256	128 比特	7	2^{72}	[4]
Ascon	128 比特	5	2^{24}	[5]
		6	2^{40}	[5]
		7	$2^{103.9}$	[5]
Lake Keyak	128 比特	8	2^{74}	[4]
		8	$2^{71.04}$	[8]
	256 比特	9	$2^{137.05}$	[8]
River Keyak	128 比特	6	2^{33}	[7]
		7	2^{49}	[7]
		8	2^{81}	[7]
		8	2^{77}	[8]
Ketje Minor	128 比特	6	2^{49}	[6]
		7	2^{81}	[6]
		7	$2^{71.03}$	[8]
Ketje Major	128 比特	6	2^{41}	[6]
		7	2^{83}	[6]
		7	$2^{71.24}$	[8]

续表

算法	密钥长度	攻击轮数	时间/数据复杂度	文献
KMAC	128 比特	7	2^{76}	[8]
	256 比特	9	2^{147}	[8]
		9	2^{139}	[9]
Ketje SR v1	128 比特	6	$2^{40.6}$	[9]
		7	2^{91}	[8]
		7	2^{75}	[9]
Ketje SR v2	128 比特	6	$2^{40.6}$	[9]
		7	2^{99}	[8]
		7	2^{77}	[9]

参考文献

［1］ Wang X, Yu H. How to Break MD5 and Other Hash Functions. In：Cramer R, （eds.）. Proceedings of Advances in Cryptology－EUROCRYPT 2005. Proceedings. Berlin, Heidelberg：Springer Berlin Heidelberg, 2005：19-35.

［2］ Finding Collisions in the Full SHA-1. In：Shoup V, （eds.）. Proceedings of Advances in Cryptology－CRYPTO 2005. Proceedings. Berlin, Heidelberg：Springer Berlin Heidelberg, 2005：17-36.

［3］ Guido B, Joan D, Michael P, et al. Keccak Sponge Function Family Main Document. http：//Keccak. noekeon. org/Keccak-main-2. 1. pdf.

［4］ Senyang Huang, Xiaoyun Wang, Guangwu Xu, Meiqin Wang, and Jingyuan Zhao. Conditional Cube Attack on Reduced-Round Keccak Sponge Function. In Advances in Cryptology－EUROCRYPT 2017. volume 10211 of Lecture Notes in Computer Science, pages 259-288, 2017.

［5］ Zheng Li, Xiaoyang Dong, and Xiaoyun Wang. Conditional Cube Attack on Round-Reduced Ascon. IACR Trans. Symmetric Cryptol. , 2017（1）：175-202, 2017.

［6］ Zheng Li，Wenquan Bi，Xiaoyang Dong，and Xiaoyun Wang. Improved Conditional Cube Attacks on Keccak Keyed Modes with MILP Method. In Advances in Cryptology−ASIA-CRYPT 2017. volume 10624 of Lecture Notes in Computer Science，pages 99−127，2017.

［7］ Wenquan Bi，Xiaoyang Dong，Zheng Li，Rui Zong，and Xiaoyun Wang. MILPaided Cube−Attack−Like Cryptanalysis on Keccak Keyed Modes. Designs，Codes and Cryptography，pages 1−26，2018.

［8］ Ling Song，Jian Guo，Danping Shi，and San Ling. New MILP Modeling：Improved Conditional Cube Attacks on Keccak−Based Constructions. In Advances in Cryptology−ASIA-CRYPT 2018. volume 11273 of Lecture Notes in Computer Science，pages 65−95，2018.

［9］ Zheng Li，Xiaoyang Dong，Wenquan Bi，Keting Jia，Xiaoyun Wang，Willi Meier：New Conditional Cube Attack on Keccak Keyed Modes. IACR Trans. Symmetric Cryptol. 2019（2）：94−124（2019）.

［10］ Itai Dinur and Adi Shamir. Cube Attacks on Tweakable Black Box Polynomials. In Advances in Cryptology−EUROCRYPT 2009. Proceedings，volume 5479 of Lecture Notes in Computer Science，pages 278−299，2009.

［11］ Aumasson J P，Dinur I，MeierW，et al. Cube Testers and Key Recovery Attacks on Reduced−Round MD6 and Trivium. In：Dunkelman O，（eds.）. Proceedings of FSE，volume 5665 of LNCS. Springer，2009：1−22.

［12］ Fouque P A，Vannet T. Improving Key Recovery to 784 and 799 Rounds of Trivium Using Optimized Cube Attacks. In：Moriai S，（eds.）. FSE 2013. Berlin，Heidelberg：Springer Berlin Heidelberg，2014：502−517.

［13］ Sun S，Hu L，Xie Y，et al. Cube Cryptanalysis of Hitag2 Stream Cipher. In：Lin D，Tsudik G，Wang X，（eds.）. CANS 2011. Berlin，Heidelberg：Springer Berlin Heidelberg，2011：15−25.

［14］ Dinur I，Shamir A. Breaking Grain−128 with Dynamic Cube Attacks. In：Joux A，（eds.）. Proceedings of FSE，volume 6733 of LNCS. Springer，2011：167−187.

［15］ Ximing Fu，Xiaoyun Wang，Xiaoyang Dong，Willi Meier：A Key−Recovery Attack on 855−round Trivium. CRYPTO（2）2018：160−184.

［16］ Itai Dinur, Pawel Morawiecki, Josef Pieprzyk, Marian Srebrny, and Michal Straus. Cube Attacks and Cube－Attack－Like Cryptanalysis on the Round－Reduced Keccak Sponge Function. In Advances in Cryptology－EUROCRYPT 2015. volume 9056 of Lecture Notes in Computer Science, pages 733－761, 2015.